KB072052

건설 기술자를 위한 알기 쉬운

토목 지질

이성혁, 임유진, 이진욱, 엄기영, 김현기 공역
토목 지질의 달인 편집위원회 편

Original Japanese language edition Doboku Chishitsu Tatsujin no Chie
Edited by Doboku Chishitsu Tatsujin no Henshuu Iinkai
Copyright ⓒ 2009 by Doboku Chishitsu Tatsujin no Henshuu Iinkai
Published by Ohmsha, Ltd.
This Korean Language edition co-published by Ohmsha, Ltd. and CIR Co., Ltd.
Copyright ⓒ 2014
All rights reserved.

··서문

이 책은 주로 건설 사업에 관계되는 지질 조사·해석 등의 유의점이나 노하우를 정리한 것이다. 다만 건설 컨설턴트에 소속된 베테랑 지질 기술자들이 자신의 경험이나 선배들로부터 이어 받은 지혜를 각자의 생각대로 모은 것이어서 내용이 체계적이지는 않다. 처음부터 연결해서 읽어도 좋고 흥미 있는 부분을 골라서 읽을 수 있도록 테마별로 정리하였다. 그중에는 너무 생각을 깊이해서 과학적 관점에서 독자가 의문을 품게 되는 부분도 있을지 모른다. 어디까지나 필자의 개인적 견해이므로 용서를 바란다.

최근 몇 년 저출산 고령화나 재정난 등으로 효율적인 투자에 의한 높은 품질의 인프라 정비가 요구되고 있다. 본문에서 기술한 것처럼 대형 토목 구조물의 질을 크게 좌우하는 것 중의 하나로 당해 프로젝트에 관계되는 지질 기술자의 자질을 들 수 있다. 그렇지만 응용 이학 분야의 지질(소위 토목 지질, 방재 지질이나 환경 지질 등)은 순수 이학으로서의 지질학을 그 근간으로 하면서도 내용적으로는 상당히 다르며 대상물에 관련한 공학적 측면 등의 폭넓은 분야의 지식도 필요하기 때문에 대학 또는 대학원 졸업 후 입사하고 나서 상당한 경험을 쌓지 않으면 컨설턴트 지질 기술자로서 제 몫을 할 수 없다. 또 댐 등의 대형 프로젝트 수가 감소함에 따라 젊은 기술자가 경험을 쌓을 기회도 줄어들고 있어 점점 더 기술자가 발전하기 어려운 상황이 되지는 않을까 걱정된다.

이 책의 저자들은 젊은 지질 기술자에게 약간의 노하우나 요점을 알게 함으로써 조속히 제 몫을 다하기를 바라는 마음으로 펜을 들었지만 완성된 책을 읽어 보면, 지질을 알고자 하는 토목 기술자에게도 유용한 내용이 많이 포함되어 있다는 것을 알 수 있다. 부디 토목 기술지 여러분도 한번 읽어보았으면 한다.

다만 이 책은 독자에게 다양한 상황에서 힌트를 주고 있다고는 생각하지만 여하튼 상대는 46억 년을 거쳐 형성된 시스템(지구)이어서, 사람의 지혜가 미치지 못하는 부분도 적지 않은 것을 건설 사업에 관계된 기술자는 가슴에 새겨 둘 필요가 있다. 건설 사업에 관계된 일을 하면서 자연에 대해 겸허한 자세를 갖는 것은 상당히 중요하다. 자연이 주는 또는 발신하고 있는 여러 현상(데이터)을 정확히 읽어내고 적절히 대응하기 위해 응용 이학으로서의 지질이 요구되고 있다. 그것에 따르기 위해서도 눈앞의 효과에 너무 사로잡혀 성급히 결과를 구하는 일이 없도록 장기적 관점에 서서 앞을 내다보는 제언이 가능하도록 노력해나가야 할 것이다.

2009년 8월

이노우에 타카시井上 隆

목 차

서 문 / 003

제1장 지질의 불가사의

1.1 산을 바라보고 무엇을 알 수 있을까? • 015
죠우슈삼산(아카기산, 하루나산, 묘우기산)의 하나 묘우기산을 예로 하여

1. 산 모양을 본다   015
2. 단단한 돌이 반드시 뾰족하다고는 할 수 없다   016
3. 단단하면 문제가 없다고 할 수 없다   017
4. 애추(Talus) 비탈면은 암석 부스러기만으로 되어 있는가?   019
5. 연직 균열의 성인成因은?   021

1.2 '괴상 암반'과 '층상 암반' • 023
사라진 개구 균열(open crack)의 수수께끼

1. 사라졌다? 개구 균열(open crack)   023
2. '괴상 암반'과 '층상 암반'이란?   025
3. '괴상 암반'이고 '층상 암반'이기도 하다?   026
4. 공학적 특성의 차이에 주의   028
5. 사라진 개구 균열(open crack)의 수수께끼 풀기   029

1.3 바위도 뚫는 물의 침식력 • 031
물의 힘과 침투류 대책

1. 물의 힘   031
2. 바위도 뚫는 물의 힘＝구혈甌穴 : 포트홀(pot hole)   032
3. '물의 힘', 특히 침투류로의 대처 방법   036

1.4 황철광의 장난 • 041

건설공사에 관계된 환경오염

1. 황철광의 성격	041
2. 눈에 보이지 않는 황철광의 공포	043
3. 황철광에 의한 사고의 예	044

지질백경 … 050

Column 토목과 지질 … 051

제2장 지질을 안다

2.1 암반의 성상을 결정하는 '소재'와 '이력' • 055

암석 이름에 혼란되지 않고 암반 성상을 이해하기 위해

1. 암석의 이름과 암반 성상	055
2. 세쌍둥이의 혼백까지(이질암泥質岩을 예로)	056
3. '이력履歷'도 중요	060
4. 일본의 지질과 암반 성상	060

2.2 지형이 말하는 지질과 원지반 성상 • 064

지형은 지질을 푸는 열쇠

1. 지형은 지질을 푸는 열쇠	064
2. 전체적인 지형을 바라보자	065
3. 지형은 원지반의 역사를 말하고 있다	067
4. 현장 정보를 가미하여 지형의 형성 과정을 파악한다	074

지질백경 … 076

2.3 알고 있는 것 같으면서 알지 못하는 단층 • 077
'단층'을 바르게 이해하기 위한 용어 해설

1. 유명한 것으로 오해받기 쉬운 단층   077
2. '단층'과 '파쇄대'는 어떻게 다른가   078
3. 단순한 구조 운동으로부터 생겨난 복잡한 지질 구조   081

2.4 보통 수단으로는 안 되는 단층의 성상과 형태 • 085
현장에서 마주치는 여러 가지 단층

1. 야외에서의 단층의 실태   085
2. 구조물과 단층   089
3. 현장의 전문가(단층 편)   091

2.5 메란쥬는 정말로 귀찮은가 • 093
메란쥬를 둘러싼 오해와 메란쥬의 원지반 성상

1. 메란쥬란 무엇인가   093
2. 두 장의 지질도   095
3. 메란쥬의 무엇이 문제인가   097
4. '소재素材'와 '이력履歷'도   099
Column 현장에서 지질을 판별하기 위해 ⋯ 100

제3장 현장에서 유용한 지혜

3.1 터널 막장을 입체적으로 보는 실체사진의 권유 • 103
나중에 유용한 현장사진과 스케치의 취급 방법

1. 막장은 정보의 보고   103
2. 유용한 막장의 스케치란   103

　　　3. 막장의 스케치 요령　　　　　　　　　　　　　　　　　106
　　　4. 막장을 입체적으로 기록하기 위해　　　　　　　　　　107

3.2　단순하지 않은 하상 사력의 구조 • 110
　　　하상 재료의 이용은 퇴적 환경으로부터 매듭 풀기

　　　1. 하상 재료 이용의 현상　　　　　　　　　　　　　　　110
　　　2. 하상 재료란　　　　　　　　　　　　　　　　　　　　111
　　　3. 단구段丘 퇴적물의 개요　　　　　　　　　　　　　　　112
　　　4. 부존량 산출의 어려움　　　　　　　　　　　　　　　　117
　　　5. 하상 재료 적지를 찾자!　　　　　　　　　　　　　　　119
　　　6. 정확한 입경을 파악하자　　　　　　　　　　　　　　　120

3.3　암반등급 구분을 둘러싼 여러 문제 1 • 122
　　　경계선을 어디에 그릴까

　　　1. 아날로그와 디지털　　　　　　　　　　　　　　　　　122
　　　2. 암반등급 경계선이 가지는 의미　　　　　　　　　　　123
　　　3. 결단을 내리지 못할 때 조감하는, 전형적인 것을 찾는, 늘어놓아 본다 126
　　　4. 어차피 인간이 하는 것　　　　　　　　　　　　　　　128
　　　지질배경 ⋯ 130

3.4　암반등급 구분을 둘러싼 여러 문제 2 • 131
　　　현장에서 사용하는 암반등급 구분이란

　　　1. 암반등급 구분을 둘러싼 불만　　　　　　　　　　　131
　　　2. 현장에서 사용하지 않는 암반등급 구분이란　　　　　132
　　　3. 'CM급 암반'은 전국 공통인가　　　　　　　　　　　135
　　　4. 진화하는 암반등급 구분　　　　　　　　　　　　　　136
　　　5. 구분의 어려움　　　　　　　　　　　　　　　　　　　138

3.5 물은 지나지만 시멘트 밀크를 통과시키지 않는 균열 • 140
그라우팅의 유의점

1. 그라우팅이란　　　　　　　　　　　　　　　　　140
2. 중앙 내삽법内揷法의 함정　　　　　　　　　　　　141
3. 물은 통과하지만 시멘트 밀크가 들어가지 않는다　　144
4. '수리지질 구조'와 지질·암반 상황　　　　　　　　146
지질백경 … 149
Column '의사'와 '석공' … 150

제4장　산은 움직이는 것

4.1 지질을 가늠한다 • 153
지질 현상을 계측할 때의 유의점

1. 가늠한다 – 재다, 측정하다, 단다　　　　　　　　153
2. 지반 계측 – 지질 현상의 움직임을 안다　　　　　154
3. '즉시 계측'의 함정　　　　　　　　　　　　　　156
4. 움직임을 아는 계측, 움직이지 않은 것을 아는 계측　157
5. 설명할 수 없는 움직임　　　　　　　　　　　　158
6. 임의 조성 비탈면에서의 교훈　　　　　　　　　160
7. 실제의 현장에서 느낀 계측 데이터의 마력　　　　163

4.2 비탈면 문제를 바라보는 사고방식 • 165
지형과 지질로부터 비탈면 문제를 읽어 푼다

1. 사업을 좌우하는 비탈면 문제　　　　　　　　　165
2. 활동면이 없는 곳에 변위된 비탈면　　　　　　　166
3. 지형을 잘 읽는다　　　　　　　　　　　　　　168
4. 지질을 잘 읽는다　　　　　　　　　　　　　　171
5. 실패를 반복하지 않기 위해서는　　　　　　　　174

4.3 거대 암반 활동의 여러 문제 • 175
소규모 산사태와 같은 대응을 할 수 없는 거대 암반 활동

1. 댐과 거대 암반 활동   175
2. 거대 암반 활동의 실태   176
3. 거대 암반 활동의 구조와 활동 메커니즘   178
4. 안정계산과 그 평가   179

4.4 사실은 잘 알지 못하는 지진과 지반의 관계 • 182
일본이나 해외의 피해 사례로부터

1. 국부적인 피해 집중   183
2. 지진 시에 활동하는 산사태란   186
Column 거대 지진과 대규모 토사 재해 ⋯ 189

제5장 끝이 없는 전문가의 길

5.1 시추한 것을 늘어놓는 것만으로는 지질도로는 되지 않는다 • 193
지질적인 고찰 없이는 그릴 수 없는 지질도

1. 시추공 사이를 잇는 어려움   193
2. 시추한 것을 늘어놓는 것만으로는 지질도가 되지 않는다   194
3. 컨설턴트의 역할   196

5.2 필수적인 조사가 있다 • 198
경험이 초래하는 위험한 '믿음'

1. 예측이 벗어나는 이유   198
2. 경험으로 보완한 조사   199
3. 굴삭하여 나타난 제하 절리와 이완   200
4. 검증을 게을리하지 말 것   203
5. '전문가의 비법'과 '믿음'은 종이 한 장 차이   204

5.3 예측할 수 있는 것, 할 수 없는 것 • 206
지질 현상과 리스크 평가

1. 시공해보면   206
2. '몸을 숨긴' 안산암맥   207
3. 구부러진 단층   208
4. '사라진' 제체 재료   210
5. 지질 현상과 리스크 평가   212

5.4 보이는 것만이 전부는 아니다 • 214
조사 자료로 암반을 어떻게 평가할까

1. 시추 코어는 암반 자체는 아니다   214
2. 시추 코어 – 품질은 원지반의 상태와 현장 기술자의 수완 나름   215
3. 조사 횡갱 – 원지반 속에 있어도 원지반이라고는 할 수 없다   217
4. 보어홀 스캐너 – 공벽은 참 원이라고는 할 수 없다   219
5. 원지반을 통찰하는 '천리안'이란   222

5.5 토목·건설 현장으로의 제언 • 223
다 함께 '현장의 전문가'를 목표로 한다

1. 토목·건설 현장의 현상   223
2. 부적절한 조사의 원인은   224
3. 조사와 건설 기술자 제휴의 중요성   226
4. 시공 단계에서 설계 사상의 계승   226
5. 기업자의 감리 책임   227
6. 전문가라 불리는 기술자가 되려면   229
7. 현장의 전문가를 목표로 한다   231

후 언 / 232
찾아보기 / 234

제1장   지질의 불가사의

기술자로서 대규모 굴착을 수반하는 공사 현장이나 시험굴 조사에 종사하고 있노라면 예상하지 못한 지질 현상을 접하는 경우가 있다. 토목 현장에서는 중장비에 의해 거대한 인공 노두露頭가 만들어져 모든 것이 백일하에 드러나므로 더욱 그러하다. 심사숙고를 거듭한 지질 해석 결과가 한순간에 역전되는 일도 적지 않다. 예측이 벗어나는 것은 결코 좋은 것은 아니다. 그럴 때는 예측이 벗어난 것을 반성하면서도 사람의 지혜를 초월한 자연의 치밀성, 복잡성, 아름다움, 스케일의 크기에 감동하게 된다.

본 장에서는 불가사의한 것으로 보이는 지질 현상을 소개한다. 물론 불가사의한 현상 중에는 사람의 생활에 불편함을 주는 경우도 많지만 사람도 자연의 일부로 자각하여 자연의 위대함에서 다루어보자.

선단이 뾰족한 산. 암종의 차이에 의해서 비탈면의 구배가 다르다.

산을 바라보고 무엇을 알 수 있을까?

죠우슈삼산(아카기산, 하루나산, 묘우기산)의 하나 묘우기산을 예로 하여

1. 산 모양을 본다

예전에 일본에는 '산상학山相學'이라는 것이 있었다고 한다. 산 모양을 보면 광상鑛床의 유무나 분포를 알 수 있다는 것이다. 에도江戸시대의 고서에는 '삼각형으로 뾰족해진 산기슭 부근에는 금광맥이 있어서 가만히 보고 있으면 철분이 서 있는 것을 알 수 있다'라고 쓰여 있다고 한다. 철분이란 아우라(aura)와 같은 것일까?

분명히 금광맥은 단단한 화산암 속에 있는 것이 많아 근처에 뾰족한 산이 있어도 불가사이하지 않다. 그러나 마찬가지의 뾰족한 산은 도저히 금광맥 등이 없을 것 같은 퇴적암뿐인 지대에도 생길 수 있다. 또 완만한 새로운 화산지역의 아래에도 금광맥은 발견되고 있다. 글쓴이는 진심에서 우러나서 글을 썼겠지만 부자가 되고 싶어서 나쁜 감정으로 '산상학山相學'을 숙독한다고 해도 쉽게 금광맥이 발견되지는 않을 것이다.

그렇다고 해도 산 모양을 바라보는 것은 매우 중요하다. 산 모양에는 많은 정보가 가득 차 있기 때문이다. 다만 '산 모양을 바라본다'고 하여도 단지 막연하게 경치를 즐기고 있는 것만으로는 지질 기술자가 필요한 정부는 아무것도 얻을 수 없다. 어떻게 이러한 산 모양이 생겼을지 한바탕 깊은 지식을 늘어놓고 방재나 터널 루트 선정의 관점까지 이야기를 확장하고서야 비로소 전문가의 경지에 오른다. 여기에서는 죠우슈上州삼산三山의 하나인 묘우기산妙義山을 예로 필자가 생각하는 '올바른 산을 바라보는 방법'을 소개한다.

2. 단단한 돌이 반드시 뾰족하다고는 할 수 없다

군마群馬현 남서부에 위치한 묘우기산妙義山은 표고가 1000 m를 약간 넘는 정도로 결코 높은 산은 아니지만 험준한 산 모양이 인상적이어서 국가 지정 공원이 되었다(사진 1.1.1). 묘우기산妙義山과 같이 뾰족한 산은 아무리 봐도 오랜 시대의 단단한 지층으로부터 생겨난 것처럼 생각되지만 돌이 단단하면 뾰족한 것도 아니다. 그것이 지질의 흥미로움이다.

사진 1.1.1 묘우기산妙義山의 산 모양. 뾰족한 모양이 특징적이다.

단단한 돌이라면 고생층의 챠트나 사암砂岩도 있다. 이와 같은 지층은 형성 과정에서 지하 심부에 압입되어 구조 운동의 힘을 받아 형성하거나 하여 많은 균열이 생기고 있다. 화강암花崗岩이나 섬록암閃綠岩 등도 신선하면 단단하지만 이것도 지하 심부에서 형성되기 때문에 지표에서는 광물학적으로 안정하지는 않아 풍화가 진행하기 쉽다. 균열이 많은 암석이나 풍화가 진행된 암석은 침식되면 험준한 암벽을 유지할 수 없어 붕괴한다. 그 때문에 단단한 암이 묘우기산妙義山과 같은 뾰족한 지형을 만드는 것은 실제는 매우 어렵다.

묘우기산妙義山의 지질은 신제3기의 용결 응회암凝灰岩이다. 용결 응회암凝灰岩은 화산으로부터 분출된 재나 자갈이 고온인 상태로 육상에 두껍게 퇴적하여 그 열과 무게로서 눌려 굳어진 것이다. 화산으로부터 분출된 재나 자갈이 두껍게 퇴적하여 온도가 높아지면(예를 들면 두께 300m에서 500°C 정도), 찰캉거리는 단단한 암석이 된다. 게다가 용암과 같이 많은 냉각절리*가 생기고 있는 것은 아니므로 큰 덩어리로 되기 쉽다. 다만 용결 응회암에서도 형성 시기가 오래된 것은 형성과정에서 지하 심부에 압입되어 구조 운동으로 파쇄된 것이 많으므로 뾰족한 산으로는 되기 어렵다.

결국 묘우기산妙義山과 같이 지표 근처에서 굳어진 단단하고 균열이 적은 용결 응회암이 그대로 남겨져 있는 예는 그다지 많지 않다. 예를 들면 일본 북알프스의 호타카다케穗高岳** 등은 더욱 새로운 용결 응회암이며 가파른 봉우리가 연하여 있다. 묘우기산妙義山과 호타카다케穗高岳 등은 높이는 비교가 되지 않으나 잘 보면 각각의 산모양은 꽤 비슷하다. 모두 단단해서 균열이 적은 용결 응회암으로 되어 있을 것임에 틀림이 없다.

3. 단단하면 문제가 없다고 할 수 없다

'단단하고 덩어리진 모양'의 암반이라는 말을 들으면 한 덩어리로 된 넓고 편

---

* 냉각절리冷却節理 : 냉각하여 수축함으로써 생기는 규칙적인 균열. 1000°C 정도의 고온으로부터 급속히 냉각되는 용암에 발달한다(용암은 급속히 냉각하면 안산암安山岩 등 조성에 따라서 다른 화산암火山岩으로 된다).

** 호타카다케穗高岳는 중부산악 국립공원의 히다飛驒산맥(북알프스)에 있는 표고 3,190m의 산. 일본 제3위의 높은 봉.

평한 바위와 같은 암반이 머릿속에 떠오르며 붕괴의 위험성도 암반 강도 면에서도 아무 문제도 없는 것처럼 생각할지도 모른다. 그러나 '단단하고 덩어리진 모양의 암반'이면 문제가 없을 것이라고 한정할 수는 없다. 묘우기산妙義山의 경우, 용결 응회암의 아래에는 연질인 이암泥岩(진흙이 굳어진 암석)이 넓게 분포하고 있어 이것이 문제를 일으킨다.

예를 들어 부드러운 지층뿐이라면 빗물이나 하천 등의 침식에 의해 풍화가 진행하여 소규모인 붕괴나 산사태를 반복하여 계속해서 깎여져 나가므로 큰 산사태가 발생하기 어렵다. 반대로 단단하고 두꺼운 암석뿐이라면 쉽사리 침식되지 않고 무너지지도 않는다. 그렇다면 두껍고 단단한 암석 아래에 부드러운 지층이 있는 경우는 어떨까? 단단한 돌이 오랜 시간을 거쳐 침식되어 그 아래의 부드러운 지층이 지표에 노출되었을 때 부드러운 지층이 활동대로 되어 대규모 산사태가 발생한다. 실제는 묘우기산妙義山의 주변에는 큰 산사태가 여기저기 보인다(그림 1.1.1).

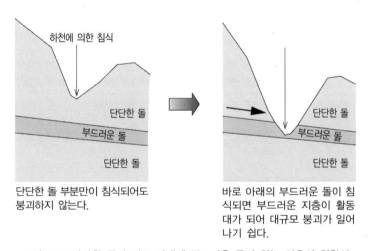

단단한 돌 부분만이 침식되어도 붕괴하지 않는다.

바로 아래의 부드러운 돌이 침식되면 부드러운 지층이 활동대가 되어 대규모 붕괴가 일어나기 쉽다.

그림 1.1.1 단단한 돌의 바로 아래에 부드러운 돌이 있는 경우의 위험성

묘우기산妙義山 주위의 산은 대규모 산사태가 발생하여 산사태 흙덩이가 계속해서 침식되어 산이 낮아졌기 때문에 묘우기산妙義山이 높고 눈에 띄는 산으로

서 남겨진 것이다. 묘우기산妙義山과 주위의 산 전체가 단단한 암석뿐이라면 그렇게는 되지 않았을 것이다. 또 단단한 암석이 돌출해 있었다면 그 아래나 주위에 부드러운 지층이 숨겨져 있는 것은 아닌지 의심하여 보는 것도 필요하다.

단단한 암석의 큰 하중이 아래의 부드러운 지층에 직접 작용하면 부드러운 지층에 큰 응력이나 변형이 생긴다. 터널이 무엇보다 좋은 상태로 균질하고 단단한 암석 속만을 뚫는 것이면 문제는 없겠지만 부드러운 지층이 있는 장소에 터널을 뚫으면 편압이나 지반팽창으로 난공사가 될 것임에 틀림없다.

4. 애추(Talus) 비탈면은 암석 부스러기만으로 되어 있는가?

험준한 비탈면의 아래에 완사면이 전개된 경우, 그 완사면에는 암 부스러기가 퇴적하고 있을 것으로 생각하기 마련이다. 급사면과 완사면의 구배 차가 클수록 암 부스러기가 두껍게 퇴적하고 있다고 생각하지는 않을까. 사진 1.1.2는 뒤쪽 묘우기妙義의 타카이와야마高岩山이다. 사진 1.1.2의 지질은 묘우기산妙義山과 같은 용결 응회암이고, 사진 1.1.1의 묘우기산妙義山의 산 모양에 비해 험준한 지형이 전형적으로 나타나기 쉽다.

사진 1.1.2 뒤쪽 묘우기妙義의 타카이와산高岩山

다기이와산高岩山에서는 완만한 산지 속에 험준한 바위산이 우뚝 솟아 있다. 험준한 바위산은 2층의 용결 응회암으로 이루어져 층리면이 사진의 오른 쪽으로부터 왼쪽으로 향하여 기울어져 있다. 미묘한 차이이지만 험준한 바위산은 상부와 하부의 용결 응회암에서 비탈면의 구배가 변화하고 있다. 험준한 바위산의 상부의 용결 응회암은 토피의 하중이 작았던 것과, 빨리 냉각되었기 때문에 고결 정도가 낮아 침식되기 쉬었기 때문에 하부의 용결 응회암보다도 약간 경사가 완만하다.

이제 험준한 바위산의 아래 위치(사진 1.1.2의 오른쪽 하부)에는 경사 40° 정도의 험준한 바위산에 비해 완만한 비탈면이 보인다. 이 비탈면은 하부의 절벽으로부터 붕락된 암 부스러기가 퇴적해 생긴 비탈면이다. 이 비탈면의 단면도를 그리면 어떻게 될까. 그림 1.1.2의 좌측과 같이 생각할지도 모르지만 실제는 그림 1.1.2의 우측과 같이 암 부스러기는 그렇게 두껍지는 않을 것으로 필자는 생각하고 있다. 절벽은 붕괴하여 후퇴하면서 애추(Talus) 비탈면을 형성하여 왔으므로 비탈면 아래에는 얇은 기반암이 남아 있을 것이다. 다만 기반의 모양이 언제나 이러하다고 할 수는 없다. 절벽의 높이와 비탈면 크기의 균형, 산사태 지형의 유무 등에 의해 변하기 때문에 주위의 지질 상황을 잘 감안할 필요가 있다.

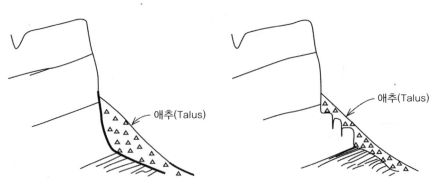

이런 단면이라면 애추(Talus)를 구성하는 암 부스러기는 어디서 왔을까?

절벽이 연직 균열로서 붕괴하면서 후퇴하여 애추(Talus) 비탈면이 형성되었다.

그림 1.1.2 애추(Talus) 비탈면의 단면도

5. 연직 균열의 성인成因은?

사진 1.1.3에서 가장 주목해야 할 것은 연직으로 연장된 균열이다. 지층은 왼편으로 향하여 경사져 있는 것에, 그곳에 들어있는 균열은 연직이다. 사진 1.1.3의 바위산의 생성 방법에는 여러 설이 있을 것으로 생각되지만 필자는 이 바위산이 다음과 같이 생겼으리라 생각하고 있다.

사진 1.1.3 지층의 층리는 경사져 있으나 절리는 연직으로 발달해 있다.

힘차게 흘러온 화산 분출물이 비탈면 위에 비스듬히 퇴적하는 것은 불가능하다. 경사져 퇴적하려고 하면 화산 분출물은 더욱더 낮은 장소로 흘러 내려가 버린다. 따라서 용결 응회암은 퇴적되었을 때는 수평이었을 것으로 생각한다. 화산 분출물, 특히 용암의 냉각으로 생기는 주상절리柱狀節理는 층리層理면에 직교방향으로 생기는 것이 많지만 사진 1.1.3의 바위산에서는 층리면과 균열이 비스듬히 교차하고 있다. 지층이 수평이었을 때에 경사진 균열이 생기고, 그 후의 지반 변동으로 우연히 연직으로 되었을 것으로 생각할 수도 있지만 필자는 우연치고는 너무 지나친 것으로 생각한다.

연직 균열은 깃 태이난 용결 응회암의 냉각절리가 아니라 그 후에 생긴 응력 해방에 의한 것이었다고 생각하고 있다. 사진 1.1.3의 사례에서는 용결 응회암에 생겼다고 상정되는 냉각절리와, 실제의 응력 해방에 의한 연직인 균열의 각도는 근소한 차이는 있으나 성인成因이 무엇인가를 잘 판별하지 않으면 안 된다.

경사진 용결 응회암이 산으로서 우뚝 솟지 않았을 때는 중력에 의한 연직 방향의 응력과 동시에 수평 방향의 응력도 작용하고 있어 균열은 생기기 어렵다. 주변이 침식되어 돌출하면 비로소 중력 방향의 주응력에 직교하는 수평 방향의 응력이 인장으로 되어 연직 방향의 균열이 형성된다. 즉 침식하고 남은 바위 산이 자중에 견디지 못하여 갈라지기 시작하고 있는 것이 연직 방향의 균열인 것이다.

그렇게 생각하면 단단한 암벽도 장기적으로 보면 머지않아 붕락하는 것은 피할 수 없다. 우뚝 치솟은 산 모양의 사진도 묘우기산妙義山이 무너져 나가는 모습을 보여주고 있는 것 같기도 하다.

참고문헌

1) 原山智, 山本明 : 超火山「槍・穂高」, 山と溪谷社 (2003)

'괴상 암반'과 '층상 암반'

사라진 개구 균열(open crack)의 수수께끼

1. 사라졌다? 개구 균열(open crack)

능선 꼭대기부를 평탄하게 굴삭한 현장에서 불가사이한 현상에 조우하였다. 굴삭면에는 그림 1.2.1과 같이 능선의 연장 방향과 조화를 이루는 최대폭 20 cm 의 개구 균열(open crack)이 관찰되었다(사진 1.2.1). 이 균열은 굴삭된 능선 이 메말라 있으므로 이완에 의해서 형성되었을 것으로 쉽게 상상할 수 있었다. 그렇지만 이 개구 균열(open crack)의 대부분은 해저에서 분출된 용암 기원의 녹색암綠色岩에만 보이고 녹색암綠色岩과 접하는 주위의 혈암頁岩에서 갑자기 소 멸하고 있었다. 녹색암綠色岩의 개구 균열(open crack)은 왜 혈암頁岩에 연속하 여 분포하지 않는 것일까. 힌트는 '괴상 암반'과 '층상 암반'에 있다.

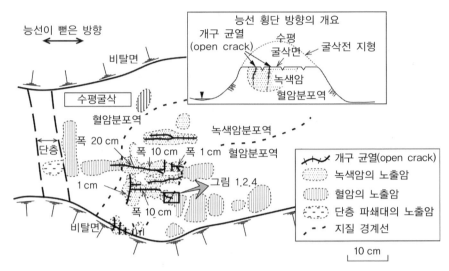

그림 1.2.1 능선 꼭대기부의 수평 굴삭면에 나타난 개구 균열(open crack)의 분포

사진 1.2.1 녹색암에서 볼 수 있는 개구 균열(open crack)

2. '괴상 암반'과 '층상 암반'이란?

　수수께끼를 풀기 전에 '괴상 암반'과 '층상 암반'에 대해 알아보자. '괴상 암반'과 '층상 암반'은 암반의 성상을 표현하는 용어로서 자주 들어 본 적은 없는가? '괴상 암반'은 균열이 적은 암반으로서 화강암이나 안산암(용암)·사암이 머리에 떠오를 것이다. 한편 '층상 암반'이라고 하면 층리면 등의 분리면이 발달하여 층상·판상·편상으로 깨지기 쉬운 암반으로서 혈암, 점판암이라는 이름이 생각날 것이다.

　이와 같은 '괴상'과 '층상'이라고 하는 암반의 성상은 암반의 강도나 투수성, 구조물의 안정성에 큰 영향을 미치기 때문에 대상으로 하는 암반이 '괴상'인지 '층상'인지가 관심의 대상이 되는 것이다. 현장에 나타나는 지층의 종류를 알게 되면 대체로 '괴상', '층상'을 예상할 수 있으면 좋겠지만 현실적으로 쉬운 일은 아니다.

　괴상 암반과 층상 암반의 분류를 개략적으로 나타내면 그림 1.2.2와 같다. 전체의 암반을 '괴상 암반'과 '층상 암반'으로 뚜렷이 분류할 수 있는 것은 아니다. 어느 쪽으로도 분류할 수 없는 '기타의 암반'이 있지도 않을까 생각해보면 '괴상 암반'과 '층상 암반'의 두 가지 성상을 가지는 중간적인 성상을 나타내는 암반도 있다(그림 1.2.2의 A에 해당함). '괴상 암반'과 '층상 암반'의 어느 쪽으로도 분류되지 않는 '기타의 암반'으로는 단층 주변의 파쇄대에서 볼 수 있는 균열이 발달된 암반이나 균열이나 층리면 근처의 분리가 전혀 확인되지 않는 신제3기의 퇴적 연암 등이 있다.

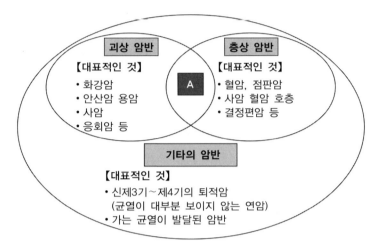

그림 1.2.2 괴상 암반과 층상 암반의 분류 이미지

그러면 '괴상 암반'과 '층상 암반'의 양쪽 성상을 가지는 그림 1.2.2의 A에 포함되는 것은 어떠한 것일까. 실제는 대표적인 것으로서 들 수 있는 화강암이나 안산암용암, 혈암, 점판암 등 그 대부분이 A에 해당한다.

3. '괴상 암반'이고 '층상 암반'이기도 하다?

'괴상 암반'과 '층상 암반'의 양쪽의 성상을 가진 암반이란 어떤 암반일까?

예를 들면 화강암은 균열의 간격이 넓은 것이 많아 '괴상 암반'의 대표로 간주되는 경우가 많다. 그러나 전체 화강암이 균열이 없는 괴상은 아니며 판상의 균열이 발달한 경우도 있다. 이 경우에는 화강암은 오히려 '층상 암반'의 성격이 강해진다. 화강암 지대의 계곡의 하상에서 자주 볼 수 있는 저각도절리低角度節理(seating joint)가 발달해 있는 모습은 확실히 '층상 암반' 바로 그것이라고 해도 좋다.

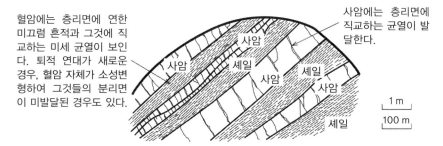

셰일에는 층리면에 연한 미끄럼 흔적과 그것에 직교하는 미세 균열이 보인다. 퇴적 연대가 새로운 경우, 셰일 자체가 소성변형하여 그것들의 분리면이 미발달된 경우도 있다.

사암에는 층리면에 직교하는 균열이 발달한다.

사암

셰일

사암

사암

셰일

사암

셰일

1 m
100 m

※ 이 그림의 스케일이 1 m이면 사암 이암 호층은 층상 암반으로 볼 것이다.
한편 스케일이 100 m이면 사암의 균열이 없는 부분만을 보면 괴상 암반으로 인식할 것이다.

그림 1.2.3 대상 스케일에 의한 사암 셰일 호층의 암반으로서의 파악 방법의 상위

반대로 사암 이암 호층은 층상 암반의 대표이지만 호층 전체를 보면 '층상 암반'이라도 호층을 구성하는 개개의 사암 물질에만 착안하면 균열 간격이 넓어 괴상 암반의 성격을 갖게 된다. 그림 1.2.3의 사암 이암 호층의 스케일이 1 m와 100 m인 두 가지 경우를 고려하여 보자. 스케일 1 m의 경우는 이 암반은 층상 암반으로 봐도 좋을 것이다. 그러나 스케일이 100인 경우에는 어떠할까. 확실히 암반 전체를 보면 층상을 이루고 있으나 50~80 m 두께의 사암은 국부적으로 보면 '괴상 암반'이 되어 버린다.

여기에서 그림 1.2.2의 '기타의 암반'을 다시 한 번 고려하여 보면 신제3기로부터 제4기의 사암 이암 호층(연암)은 지층 자체는 층을 이루고 있으나 고결도가 낮아 층리면이 밀착하여 균열이 발달하지 않기 때문에 '층상'도 '괴상'도 아니다. 하지만 이러한 사암 이암 호층(연암) 위에 구조물 기초를 설치하려고 하는 경우, 소규모 구조물로서 요구되는 암반의 지지력이나 강도가 작다면 괴상 암반과 같이 취급할 수 있지만 대규모 구조물이면 사암과 이암의 역학 특성인 콘트라스트(contrast)가 문제가 되어 층상 암반으로서 취급되는 경우의 규모도 생긴다.

이와 같이 '괴상 암반'과 '층상 암반'은 암의 종류에 따라서 명확히 분류할 수 있는 것은 아니고 대상으로 하는 스케일이나 구조물의 종류, 규모에 따라서도

인식 방법이 달라진다. 그러면 현장에서는 '괴상 암반'과 '층상 암반'을 어떻게 파악하면 좋을까. 원래 괴상 암반과 층상 암반을 결정짓는 암반 중의 분리하기 쉬운 면은 층리면, 균열면, 벽개면*, 편리면 등 여러 가지이다. 괴상 암반은 이러한 분리면의 간격이 상대적으로 넓고 전체로서 균질에 가까운 발달 형태를 이루는 암반으로 볼 수 있으며 층상 암반은 특정한 방향성을 가진 분리면에 의해서 규제되어 있는 이방성이 강한 암반으로 파악할 수 있다. 앞서 기술한 바와 같이 이러한 분리면의 간격이 문제이지만 현실적으로 우리들이 대상으로 하는 구조물이나 토공의 규모를 고려하면 대략 수 m~수 mm 단위로 생각해도 좋다.

4. 공학적 특성의 차이에 주의

그런데 그림 1.2.3의 사암 혈암 호층에서는 왜 동일한 장소에 '괴상 암반'과 '층상 암반'이 혼재하고 '괴상 암반'의 성격을 가진 사암에만 간격이 넓은 균열이 발달하는 것일까. 그것은 혈암과 사암을 구성하는 입자의 종류나 크기, 입자 간의 결합력의 차이 등, 외력에 대한 역학적인 거동의 차이에 기인한다. 그림 1.2.3의 경우 사암은 경질硬質로서 입자 간의 결합력이 강하기 때문에 변형이 특정한 균열에 집중하여 간격이 넓은 개구성 균열이 발생한다. 이것에 대해 혈암은 연성도延性度가 높기 때문에 미세한 균열과 층리면 근처의 슬립(slip)에 의해 균열이 표면화하고 있지 않다. 간단히 말하면 동일한 외력 조건 하에서 사암은 취성적인 거동을, 혈암은 소성적인 거동을 하기 때문에 각각에 다른 형태의 변형이 생긴 것이다.

그러면 경질이고 균열이 적은 '괴상 암반'이면 공학적인 문제가 반드시 적을 것이라고 단정할 수는 없다. 확실히 구조물의 기초로서의 '괴상 암반'은 대체로 분리면 간격이 넓고 강도나 변형성의 면에서는 문제가 적을 것이지만 개구

---

* 벽개면劈開面 : 결정의 특정 방향으로의 깨지기 쉬운 면.

성 균열이 심부까지 발달하여 투수성의 면에서 성가신 문제를 안고 있는 경우도 적지 않다. 층상 암반은 그 반대의 경우가 많다고 할 수 있다. '괴상 암반'도 '층상 암반'도 다소의 문제를 안고 있는 것이다. '괴상 암반'이라고 해서 안심해서는 안 된다.

괴상 암반과 층상 암반이 혼재하여 출현하는 현장에서는 암반등급 구분에 의해서 암반의 우열을 평가할 때의 세부 구분 요소(암편의 경도, 균열 간격, 균열 상태, 풍화 형태, 변질 정도 등)가 두 암반에서 전혀 다르기 때문에 각각 다른 구분 기준을 설정하여 암반등급을 평가하여야 하는 경우도 있다. 이와 같이 양자가 혼재하는 경우에는 각각의 암반이 나타내는 강도나 변형성, 투수성 등의 공학적 특성 차이를 개별로 확인할 필요가 있다.

5. 사라진 개구 균열(open crack)의 수수께끼 풀기

'사라진 개구 균열(open crack)'은 '괴상 암반'인 녹색암과 '층상 암반'인 혈암이 접하고 있기 때문에 생긴 필연적 현상이며 암반의 성상을 잘 이해하고 있으면 특별히 '풀 수 없는 현상'은 아니다.

이 수수께끼 풀기는 이러하다(그림 1.2.4). 경질로서 균열의 간격이 적은 녹색암은 괴상 암반의 성격을 가지고 수 mm 간격의 분리면(벽개)이 발달한 혈암은 층상 암반의 성격을 가지고 있다. 굴삭된 능선은 칼날 능선(knife ridge)이며 능선의 연장과 직교하는 양측의 측방 비탈면으로 돌출하도록 이완을 일으켜 그 결과 개구 균열(open crack)이 형성되었다. 녹색암은 균열 간격이 넓기 때문에 하나하나의 균열이 담당하는 이완의 정도가 커서 최대 20 cm에 이르는 개구 균열(open crack)이 되었다. 한편 혈암은 능선과 직교하는 주향走向으로 고각도高角度 경사의 분리면과 이것에 직교하는 미세한 균열이 발달하고 있다. 이 때문에 전체의 이완량을 미세한 균열이 조금씩 담당하여 눈에 띄는 개구 균열(open crack)이 생기지 않았다. 또 분리면(벽개면) 근처에 미끄러짐이 발생하여 녹색암과 혈암의 경계로부터 떨어짐에 따라 이완이 해소된 것이다. 이 분리면의 미끄러짐 양은 경계부에서 크고 경계로부터 떨어짐에 따라서 작아지고 있다.

이와 같이 현장에서 마주치는 언뜻 잘 이해할 수 없는 현상은 암석 또는 암반이 가진 물리적·화학적 성질이나 이방성 등에 의해 지배되고 있어 논리적으로 설명할 수 없는 경우가 많다.

각각의 시공현장에서 조우하는 암반이 괴상 암반이든 층상 암반이든 기술자가 하는 일은 같다. 즉, 시공하려고 하고 있는 구조물에 요구되는 암반 조건이 무엇인가를 잘 생각하여 대상 암반이 어떠한 성질을 가지고 있는가, 그러한 것이 초래할 시공 상의 장점과 단점은 무엇인가, 그리고 일어날 수 있는 현상으로서 무엇에 주의하지 않으면 안 되는가를 예견하여 확인하는 것이 중요하다.

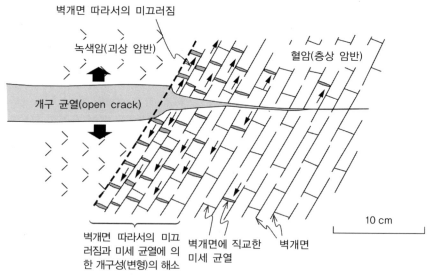

※ 벽개면 따라서의 미끄러짐량은 경계 부근일수록 크다.

그림 1.2.4 이완에 따른 녹색암과 혈암 거동의 개요

바위도 뚫는 물의 침식력

물의 힘과 침투류 대책

1. 물의 힘

지질과 물은 끊으려야 끊을 수 없는 관계에 있다. 지질 기술자는 일상적으로 '물의 힘'을 실감하는 현상을 접하게 된다. 왜냐하면 시추 코어나 노두露頭, 굴 삭면 등에서 관찰할 수 있는 지질 현상은 홍수 등의 천재지변과 같은 현상의 결 과이며 현재의 지형, 산간의 깎아지른 듯한 절벽이나 깊은 계곡도 '물의 힘'에 의한 것이 많다.

물은 생명을 유지하는 데 빼놓을 수 없는 것일 뿐만 아니라 예로부터 인간의 생활을 풍요롭게 하기 위해 능숙하게 이용되었다. 예를 들면 수로에 설치된 물 레방아로 물의 흐름을 회전으로 바꾸어 펌프 대신에 전답에 관개하거나 또는 회전을 상하 운동으로 변환하여 쌀을 찧거나 하는 등 생활에 밀접하게 이용되 어 왔다. 물레방아는 현재에는 관광 유산으로서 일부 남아 있는 정도지만 근대 에는 예를 들면, 수력 발전에 의해 큰 에너지를 얻을 수 있었다. 수력 발전은 자연계의 장치를 능숙하게 이용하여 큰 에너지를 안정적으로 산출할 수 있다. 환경 부하가 적은 클린 에너지의 대표이지만 최근에는 발생 전력량이 압도적으로 작은 풍력 발전이나, 태양광 발전만이 주목받아 버리는 것은 안타까운 일이 아닐 수 없다.

이제 이와 같이 인간의 생활에 유용한 '물의 힘'이지만 한편으로 홍수나 해일 등, 엄청난 파괴력을 보이는 것도 있다. 또 토목 기술자들은 일상적으로 '물의 힘'에 대한 고민을 적지 않게 할 것이다. 그것은 하천이나 해안 등 수변에 가까운 건설공사에만 국한되지 않는다. 도로나 교량 공사, 터널 등의 지하 구조물, 또는 굴삭, 흙 쌓기나 콘크리트 타설 등 많은 현장에서 출수·용수, 고압수의 분출 등 물에 관한 문제에 마주치는 경우가 있다.

예를 들면 도시부의 공사에서는 지하수위가 높은 모래질 지반에서 흙막이공을 하는 경우, 굴삭면과 수위의 차에 의해서 생긴 지하수의 힘에 의해 토사가 끓어오르는 것처럼 분출해오는 것이 있다(보일링, boiling). 또 수압에 의해 점착력이 약한 물질이 분출하는 현상(파이핑, piping)이 나타나는 것도 있다. 나아가 지하수위면 아래의 느슨한 모래층에서는 지진동에 의해 액상화가 생기는 것, 포화된 점성토가 유동하는 것 등 대부분의 현상에 물이 큰 영향을 미치고 있다.

한편 산악 터널이나 댐의 굴삭·기초 처리 터널 및 지하 구조물의 굴삭 지점 등에서도 지하수가 굴삭 개소로 유출하여 그 수압에 의해 굴삭 개소에 토사가 흐르거나 대량인 용수, 또는 고압의 분출수에 의해 굴삭이나 복공이 곤란해져 공정의 대폭적인 지연이나 공사비의 증대에 결부되는 것이 있다.

이와 같은 '물의 힘'은 과연 어느 정도일까. 지질 기술자의 시점에서 본 '물의 힘'을 소개한다.

2. 바위도 뚫는 물의 힘 = 구혈甌穴 : 포트홀(pot hole)

사진 1.3.1을 살펴보자. 이 사진은 락필 댐 코어 받침의 기초이며 군데군데 검은 개소가 확인된다. 이 검은 개소는 전부 괴상으로서 굳고 단단한 화강암에

뚫려진 구멍이다. 사진 1.3.2, 사진 1.3.3은 구멍의 대표적인 근접 촬영 사진이다. 부드러운 지반에 구멍이 뚫리는 것은 있을 수 있는 일이지만 사진은 중생대 백악기의 상당히 경질이고 균열이 없는 암반이다. 일축압축강도는 100 MPa 이상이나 된다. 이와 같은 단단한 암반에 뚫린 구멍은 직경이 50 cm로부터 최대 17 m, 깊이로는 1∼8 m까지의 주로 원에 가까운 형태이고 그 수는 코어부지 전체에서 120여 개에 이르렀다. 이처럼 견고하여 균열이 없는 암반에 구멍을 뚫으려고 한다면 사람이라면 어떻게 할 것인가. 인력은커녕 중장비를 사용해도 쉽지는 않을 것이다. 아마도 드릴로 구멍을 뚫어 폭약을 장진하고 인공적인 균열을 만들어가면서 조금씩 암반을 폭파하여 형성하게 될 것이다. 그래도 사진과 같이 매끄러운 구멍이 되지는 않는다.

사진 1.3.1 댐 사이트 하상부의 전경(크고 작은 포트홀이 점재한다.)

사진 1.3.2 괴상의 견고하고 단단한 화강암 중에 벌집 모양으로 뚫려진 포트홀군

사진 1.3.3 거의 원형으로 뚫려진 포트홀(직경 6 m, 깊이 5 m)

 그러면 이 구멍은 어떻게 하여 생겨난 것일까. 이 구멍이야 말로 하천의 유하에 따른 '물의 힘'에 의해서 세굴된 '구혈甌穴 : 포트홀(pot hole)'이다. 냇물의 흐름이 소용돌이 치면 하상의 돌이 마치 추의 역할을 하여 견고하고 균열이 없는 암반조차도 깎여 나가서 마침내는 원형의 구멍을 형성시키는 것이다. '물의 힘'의 무서움이다. 이와 같은 현상은 급류가 되는 하천의 하상부, 또는 해안의 노출암 등에서도 자주 볼 수 있다. 포트홀인 것 같은 구멍을 찾아내면 반드

시 내부를 들여다보기를 바란다. 포트홀의 경우에는 내부에 완전 원에 가까운 돌멩이가 남아 있는 일이 자주 있기 때문이다. 하상의 돌은 단단한 암반을 깎으면서 암반을 깎는 돌 자신도 '물의 힘'에 의해 깎여져 둥글게 되어 버리는 것이다.

사진 1.3.4는 균열이 없는 암반의 표면에 마치 바람이나 파에 의해서 그려진 잔물결 모양의 요철과 상하류로 늘어난 포트홀을 나타낸 것이다. 이것도 물 흐름의 강약을 반복함으로써 형성된 특징적인 침식면이다. 이 사진에서도 커다란 '물의 힘'이 엿보인다.

사진 1.3.4 하상 중심부에 나타난 포트홀과 암반 표면에 형성된 리플 마크
(連痕, ripple mark) (화살표는 물 흐름 방향을 나타낸다.)

그런데 포트홀의 형성 속도는 어느 정도일까. 일본에서의 연구[1]에 의하면 신생대 신제3기의 퇴적 연암 분포 지대에서의 침식 속도는 1.04 cm/년, 또 엄밀하게는 하상 암반 아래쪽으로의 침식량과는 다를 것으로 생각되지만 측방으로의 침식 속도는 케곤 폭포華嚴の滝*(신제 3기로부터 제4기의 화산 쇄설암이나 용암으로 이루어짐)에서는 0.9~1.9 cm/년[2]으로 추측하고 있다. 결국 신생대의 비교적 연질인 암석에서는 1 cm/년 정도의 침식량이 예상된다.

침식량을 결정하는 요소는 당해 개소에서의 유역 면적, 강수량에 비례하고, 일축압축강도와 폭에 반비례하는 것으로 되어 있다. 일본과 비교하여 규모가

---

* 케곤 폭포華嚴の滝는 토치기栃木현 닛코日光시에 있는 폭포. 발견자는 쇼도勝道 고승으로 전해지며 불교 경전의 하나인 화엄경으로부터 명명되었다고 한다.

다른 대륙부에서는 어떨까. 북미 대륙 록키 산맥의 연구[3]에서는 게곤 폭포華嚴の滝와 마찬가지 방법으로 침식 속도를 추정한 바, 10~20 cm/년이라는 값이 산출되어 있다. 또 나이아가라 폭포에서는 100 cm/년 정도의 침식 속도였던 것을 상류에 하천 유량을 제어하는 둑이나 운하 등을 정비하고 나서 1950년 이후는 3 cm/년으로 감소하였다고 보고되어 있다. 그렇다고 해도 1년에 1 m(100 cm)이면 어마어마한 '물의 힘'이다.

전술한 화강암 지대에서의 댐 부지 포트홀 깊이를 5 m＝500 cm로 하여 침식 속도를 계산하여 보자. 암석이 굳고 단단한 것을 고려하여 0.5 cm/년으로 가정하면 1,000년간 5 m의 포트홀이 형성되게 된다. 1,000년이라고 해도 빠른 것인지 늦은 것인지 감이 오지 않을지도 모르지만 사진 1.3.4와 같이 포트홀 둘레의 견고하고 균열이 없는 암반도 함께 침식되고 있는 것을 고려하면 물의 힘의 크기와 지속성을 상상할 수 있을 것이다.

이와 관련하여 댐 부지 기초에서 확인된 이러한 포트홀은 전부 청소하고 레미콘 트럭에 의해 하부로부터 주의 깊게 콘크리트를 충진하여 막은 다음에 차수 코어 재료 쌓기를 하였다. 그 양은 최대의 포트홀이 350 m^3, 합계로 약 1,000 m^3가 되어 코어 받침 전체에서 실시한 요철부의 구멍 메우기 작업, 약 2,000 m^3의 반 정도가 포트홀의 충진에 충당되었다. 예정에 없는 작업 때문에 공기와 공사비의 증가 때문에 고전을 면치 못했지만 지질 기술자로서는 이와 같은 진기한 현상을 만났던 것은 무엇과도 바꾸기 어려운 경험이다.

3. '물의 힘', 특히 침투류로의 대처 방법

해머로 강타해도 깨지지 않는 균열이 없는 암반에서도 물 흐름에 의한 암덩이나 자갈 등의 마찰 침식에 의해서 큰 포트 홀이 형성된다. 그렇다면 이와 같은 강력한 물의 영력營力＝수두·수압, 수량 등에 어떻게 대처해 나가면 좋을까. 물이 지반이나 댐 등의 구조물 속에 침투하는 경우에는 그 수량이나 수압, 유속 등의 조건에 의해 지반이나 구조물이 파괴되는 경우가 있다. 특히 댐의 경우에는 대량의 물을 저장하기 때문에 큰 수두·수압, 수량이 발생하므로 지반이나 제체에 침투하는 물(침투류)에 대한 대책이 충분히 시행된다.

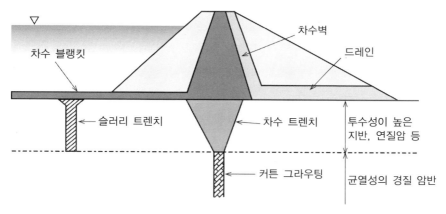

※ 이러한 침투류 대책공은 지반의 성상이나 댐의 타입을 고려하여 최적인 것을 선택한다.

그림 1.3.1 투수성의 기초를 가지는 댐에서의 침투류 대책 사례

댐에서의 침투류에 대한 대처 방법을 알아보자.

침투류에 대한 대응책을 간단히 정리하면 아래와 같다(그림 1.3.1).

① 제체 단면을 크게 하여 침투류 연장을 길게 한다.

② 상류 측에 차수 재료를 부설하여 제체나 기초에 들어오는 침투류를 억제한다.

③ 투수성의 부분을 차수 재료, 예를 들면 토질재, 벤토나이트, 콘크리트 또는 강재 재료 등에 의해 치환 벽 등을 만들어 상류로부터의 침투류를 차단한다.

④ 투수성의 기초에 대해서 시멘트 밀크나 점토, 모르터 등의 충전 재료를 주입하여 차수성을 확보한다.

⑤ 하류부에서 침투수가 유출하는 개소에서는 적절한 배수 설비를 설치한다.

그런데 앞서 기술한 침투류로의 대책에는 각각 장단점이 있다. 교과서대로 대책을 하면 모두 잘될 것이라고 생각하겠지만 반드시 그렇지는 않다. 그 현장의 지반 성상이나, 댐이면 댐 형식, 확보할 수 있는 제체 재료의 재질이나 양 등을 감안하여 최선의 대책을 시행할 필요가 있다. 지질 기술자, 토목 기술자를 비롯하여 모든 기술자가 솜씨를 발휘해야 할 장면인 것이다. 마지막으로 필자의 경험을 포함하여 침투류 대책에 대해서 신경을 쓰지 않으면 안 될 점은 아래와 같다.

① 차수성을 확보하기 위하여 필요 이상으로 차수 코어를 두껍게 하거나 하류의 침투류가 모이는 부분에 차수 블랭킷공을 설치하는 것은 쌓기 재료나 원지반 내부의 수두를 높여 불안정화를 초래할 우려가 있다. 따라서 침투수를 억제하는 경우에는 상류 측의 부분에 충분한 차수 구조를 설치하는 것이 중요하다.

② 차수 설계 시에는 어중간한 차수 범위, 깊이, 길이로 하지 않고 불투수 경계까지 충분히 커버하는 차수 범위를 구축할 것, 또 개량 효과를 기대할 수 없는 재료나 공법의 사용은 피하고 사전에 개량 대상 범위의 성상, 투수성, 수리지질 구조 등을 조사하여 그 결과를 충분히 반영한 기초 처리 방법을 검토하는 것이 중요하다. 예를 들면, 고투수부와 난투수부의 경계에 빈틈없이 차수를 한 경우, 확실히 차수 범위는 작아지지만 경계 부근에 가장 수압이 집중하기 때문에 장기적인 안정을 유지할 수 없게 될 가능성이 있다(그림 1.3.2). 이 경우에는 난투수 암반까지 차수 범위를 연장하여 차수 범위와 난투수 암반이 일체가 되도록 해야 한다. '수리지질 구조를 잘 검토하여 지수처리 범위가 최소한으로 되도록 궁리하였다'고 하면 듣기에는 좋으나 '최소한'의 의미를 잘못 생각하지 않도록 주의 바란다.

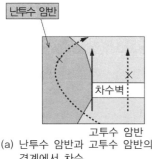

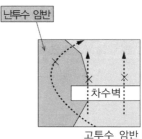

(a) 난투수 암반과 고투수 암반의
경계에서 차수

(b) 난투수 암반과 일체로 되는
범위까지 연장하여 차수

그림 1.3.2 차수 범위의 결정 방법의 예[그림 (a)의 경우, 차수벽과 난투수 암반의 경계에 침투수
가 집중하기 때문에 장기적인 안정의 점에서 문제가 남는다.]

③ 주입 재료의 선택 시에는 주입효과와 경제성만으로 결정하기 쉽지만 주
입 재료의 성질을 고려하여 주입 후의 주변 지반·원지반으로의 경계면에
도 배려를 해야 한다.

④ 최종적으로 기초 처리를 한다고 해서 시공 중에 확인된 누수 등에 대한 대
책을 게을리해서는 안 된다. 공사 중에 확인된 원지반 공극의 메움, 용수
에 대한 충전, 또는 적절한 배수 설비(강압적인 용수의 폐색은 새로운 지
점으로의 용수의 이동이나, 양의 증가를 불러오는 것이 있으므로 주의가
필요)의 설치 등은 기본적인 대책법이다.

⑤ 침투류의 억제 효과에 대해서는 대상 지반의 암반의 불균일성, 시공의 불
확실성 등을 고려한 설계와 시공 계획을 수립할 필요가 있다. 또 앞서 기
술한 바와 같은 바위도 뚫는 물의 힘을 고려하면 장기적인 안정성을 확보
하기 위한 대책에 대해서도 충분히 유의하여 두는 것이 중요하다. '물의
힘'은 상상 이상으로 강력하기 때문에 미소한 간극이라도 놓쳐서는 안 된
다는 것을 잊지 말기 바란다.

참고문헌

1) 戸田眞夏 : 流水による岩盤浸食速度の研究における課題, 立正大學

2) 早川裕一, 松倉公憲 : 日光, 華嚴滝の後退速度, 地學雜誌, 112卷, 4号, pp.521~530
   (2003)

3) 平成 16 年度 COE 海外インターンシップ成果報告書, 東京大學理學部報告
   (2005年 3月)

황철광의 장난

건설공사에 관계된 환경오염

1. 황철광의 성격

황철광(Pyrite)이라는 광물을 알고 있는가. 암반굴삭을 할 때에 굴삭면 또는 굴삭된 재료 속에 반짝반짝 빛나는 입방체의 결정을 보았던 적은 없는가. 보통 금색으로 빛나고 있어서 금(Gold)이라고 착각하는 사람도 있지만 유감스럽게도 정출晶出된 황철광인 경우가 많다(사진 1.4.1). 황철광은 보석이나 액세서리, 선물가게의 매장에서 흔히 볼 수 있는 입수하기 쉽고 아름다운 광물의 하나이지만 한편으로 건설공사에 수반하여 여러 가지 문제를 일으키는 귀찮은 것이다.

사진 1.4.1 황철광

(1) 산성수의 발생

황철광은 물이 있는 환경에서는 산화하여 황산(H_2SO_4)과 수산화제2철
($Fe(OH)_3$)들로 분해한다. 실제로는 미생물의 관여도 있어 좀 더 복잡한 반응
이지만, 간단한 황철광의 산화 반응은 다음의 식으로 표현된다.

Step 1 : $2FeS_2 + 2H_2O + 7O_2 \rightarrow 2FeSO_4 + 2H_2SO_4$
　　　　　황철광　　물　　산소　　황산제1철　　황산

Step 2 : $4FeSO_4 + 10H_2O + O_2 \rightarrow 4Fe(OH)_3 + 4H_2SO_4$
　　　　　황산제1철　물　　산소　수산화제2철　　황산

황철광의 산화에 의해서 생긴 수산화제2철은 갈색의 철 녹 모양의 침전물이
되지만 또 한쪽의 황산은 강산強酸의 액체로서 유동하기 때문에 여러 가지 문제
를 일으킨다.

(2) 유해물질*의 용출

황철광에는 비소砒素(Arsenic : As)가 포함되어 있는 경우가 있다. 비소를

---

* 유해물질 : 토양이나 지하수의 오염에 관계되는 환경 기준에 지정된 물질을 가리킨다.

포함한 대표적인 광물의 하나로서 황비철광硫砒鐵鑛(Arsenopyrite : FeAsS)이 있으나 이것은 원래 '비소를 포함한 황철광'의 의미로서 명명된 것이다. 황철광 중의 비소함유량이 많아지면 은색으로 빛나는 것이 특징이다.

그런데 황철광이 산화하면 함유하고 있었던 비소가 용출하지만 황산이 발생함으로써 통상의 중성 부근의 수질에서는 녹지 않는 암석 중에 포함된 은(Pb)·카드뮴(Cd)·수은(Hg)·세렌(Se)등의 유해물질도 용출할 우려가 생긴다.

2. 눈에 보이지 않는 황철광의 공포

황철광은 주로 다른 금속 광물과 함께 광상鑛床 지대(광산)나 열수변질대熱水變質帶에 분포하고 있으나 실제는 해성海成의 세립 퇴적암류에도 많이 포함되어 있다. 특히 흑색 이암 속에는 육안으로는 확인되지 않을 정도로 작은 결정이 다량으로 포함되어 있는 경우가 있다.

해성의 세립 퇴적암의 경우, 황철광의 결정이 다량으로 포함되고 게다가 작은 결정이기 때문에 물이나 산소에 접촉하는 비표면적比表面積이 커서 산화에 의해 급속히 강산성수가 발생하는 경우가 있다. 눈에 보이지 않는 황철광은 실제는 대결정大結晶인 것보다도 주의를 기울일 필요가 있다.

더욱이 해성 이질암류泥質岩類에 포함된 황철광의 경우, 입방체의 단일 원소로 된 물질이 아니라 극미립의 황철광이 나무딸기(木苺) 모양으로 집합된 프레임보이달 황철광(Framboidal pyrite)이라 불리는 결정인 경우가 있다. 니물질泥物質은 일반적으로 환원적還元的인 장소에서 퇴적하는 것이기 때문에 황화철이 우선 생성하고 이어서 미고결로부터 고결 이암에 이르는 사이에 황철광이 정출晶出하는 경우가 있다. 평야부의 미고결 퇴적물로부터 비소 등이 환경 기준 값을 넘어 검출되는 것은 이와 같은 자연 유래의 원인이 있는 것으로 생각하고 있다.

또한 산성수를 발생시킬 가능성이 있는 황화철은 황철광 이외에 백철광(Marcasite), 자황철광(Pyrrhotite), 그리그광(그레이자이트 : Greigite) 등이 있다. 그리그광은 제3기의 호성湖成 퇴적물의 점토층 속이나 광상鑛床에 포함되는 것이 많은 것으로 알려져 있다. 산성수 발생 원인에는 이것들 이외에 진흙질 퇴적물 중 유황(S)을 포함한 부식물 등의 유기물의 농집부濃集部인 경우도 있다.

근처에 광산이나 열수변질대가 있으면 처음부터 주의를 기울이지만 언뜻 보기에는 아무런 이상이 없는 이암은 주의를 기울이지 않기 쉽다. 유해물질이 검출되어 산성수가 발생된 경우에는 주변에 분포하는 지층의 종류나 성상을 정확히 파악하여 원인을 좁혀 나갈 필요가 있다.

3. 황철광에 의한 사고의 예

(1) 굴삭 버력의 성토에 따른 사례

터널 굴삭이나 깎기 비탈면으로부터 발생하는 버력으로부터 강산성수가 발생하는 것이 있다. 버력에서도 특히 원지반 심부로부터 굴삭된 것은 주의를 요한다. 예를 들면 지하 심부의 지층(암석)은 임의 구속압*(confining pressure) 하의 원래 산소공급이 없는 환원還元 상태에 있기 때문에 지표에서 산화 환경에 노출되면 강산성수가 생긴다. 이러한 산성수는 배수로를 경유하여 하천이나 못으로 유입하여 수생 생물을 죽여 버린다. 특히 이질암에서는 슬레이킹**이라 불리는 암석의 세편화도 진행하기 쉽고 급격한 산성수 발생이 확인되는 것이 있으므로 주의를 요한다.

(2) 지하 공동 굴삭에 따른 사례

산악 터널의 공사에서는 황철광을 포함한 지질의 경우, 그 산화에 의해 굴삭면에 변상이 생기는 것이 알려져 있으나 쉴드 공사에 압기壓氣 공법이 사용되는 경우에도 사고가 보고되어 있다. 압기 공법에서 지반에 공기를 주입함으로써

---

* 구속압 : 정수압과 같이 모든 방향으로 크기가 동일한 압력이 가해지는 경우.
** 슬레이킹(Slaking) : 건조된 점토나 이암이 물을 흡수하여 무너져 세립화하는 현상.

환원還元* 환경에 있었던 이질泥質 지반의 표면이 강제적으로 산화되어 강산성의 지하수가 생성되어 버린다. 이 산성수가 매설된 강관이나 강관 말뚝 등을 부식시켜 버리는 것이다. 산성수에 의해 쉴드 내의 압기용 파이프 자체가 부식해 버려 공사가 중지된 사례도 있을 정도다.

또 쉴드 공사에서는 황철광의 산화 반응에 의해 주입된 공기 중의 산소가 소비되어 산소결핍 공기에 의한 사고도 보고되어 있다. 도시부에서의 지하수의 과잉 양수에 의한 산소결핍 사고도 지층의 급격한 산화에 의한 것이다. 그 과정은 지하수의 과잉 양수에 의해 자갈층으로부터 물이 뽑혀져 공기가 들어가는 것이다. 공기가 들어간 공극으로부터 급속한 산화 반응이 일어나 산소가 소비되기 때문에 산소결핍 공기가 형성된다. 그 산소결핍 공기가 빌딩의 지하실로부터 솟구쳐 나오는 등 산소결핍 사고가 일어나는 것이다.

황철광을 포함한 지반재료 $1\,m^3$가 600L의 산소(O_2)를 흡수한다는 실험결과가 보고되어 있다. 황철광 이외에도 산소를 흡수하는 물질로서 람철광藍鐵鑛 (Vivianite, $Fe_3^{2+}(PO_4)_2 \cdot 8H_2O$)이 있다. 또한 람철광은 담수성淡水性의 이질泥質 퇴적물 중에서 생성되지만 황철광과 같이 산성수를 발생시키는 것은 없다.

산화 반응의 경우, 성가신 일은 지하 심부 등 폐쇄 공간의 경우에는 발열 현상이 일어나는 것이다. 황철광의 경우, 산화에 의해 최고 80℃ 이상이 되었던 사례도 있다.

(3) 광산 폐수의 사례

일본에서는 황철광 채취를 목적으로 채광 작업을 하고 있는 광산은 대부분 없어졌으나 광산이 있었던 곳의 갱도로부터 현재도 유해물질을 포함한 산성수가 계속하여 용출하고 있는 경우가 있다. 그 경우 나라의 보조금이나 현존하는 광

---

* 환원還元(Reduction)이란 대상으로 하는 물질이 전자를 받는 화학반응. 또는 원자의 형식 산화수가 작아지는 화학반응. 구체적으로는 물질로부터 산소를 빼앗기는 반응 또는 물질이 수소와 화합하는 반응 등이 해당한다.

산 회사의 출자금에 의해 지방 지치체나 (재)자원 환경 센터가 중화나 정화를 계속하여 산성수에 의해 주변 환경이 악화되지 않도록 하고 있다(그림 1.4.1).

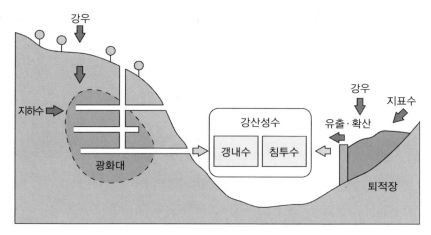

그림 1.4.1 공해 발생의 메커니즘[(독)석유천연가스·금속광물자원기구 팸플릿에서 인용]

(4) 토양오염대책법과 자연 유래의 환경오염

일본에서는 2003년 2월에 토양오염대책법이 시행되었다. 토양오염대책법은 주로 제조업에서 사용된 유해물질에 의한 시가지 토양오염대책을 목적으로 하고 있기 때문에 지금까지 기술하여 온 것과 같은 자연적인 원인에 의한 유해물질은 직접 법규제의 대상으로는 되어 있지 않다. 그러나 자연 유래라도 한 번 유해물질에 의한 오염이 발생된 경우에는 원인자로서 책임을 물을 가능성이 있다. 또한 굴삭 버력은 건설 발생토(잔토라 불리기도 한다)이며 폐기물은 아니다. 유효 이용을 포함하여 적절히 처리하는 것이 바람직하다.

(5) 토양오염대책의 사고방식

암석 중에는 방해석方解石이나 사장석斜長石 등의 산성화를 완충하는 효과가 있는 광물이 포함되어 있어 황산을 소비함으로써 암석과 접하는 물의 pH 저하를 억제하는 효과가 있다.

$$CaCO_3 + H_2SO_4 = Ca^{2+} + SO_4^{2-} + H_2O + CO_2$$
방해석　　황산

$$4Na_{0.5}Ca_{0.5}Al_{1.5}Si_{2.5}O_8 + 3H_2SO_4 + 3H_2O$$
사장석

$$= 3Al_2Si_2O_5(OH)_4 + 2Na^+ + 2Ca^{2+} + 3SO_4^{2-} + 4SiO_2$$
점토광물(카올린)

황철광 등의 산화가 지층 속에서 오랜 세월을 걸쳐 평온하게 진행하는 경우에는 점토 광물 등으로부터 용탈된 칼슘(Ca)에 의해 자연적인 중화 반응이 진행하고 석고石膏(Gypsum, $CaSO_4 \cdot 2H_2O$)가 생성하여 안정화할 것으로 생각된다. 이 때문에 산성수 발생의 대응책으로서 탄산칼슘(석회석이나 조개껍데기, 경우에 따라서는 시멘트 등)을 첨가하여 중화시키는 방법이 가장 많이 실시되고 있으나 산성수가 발생하지 않도록 물의 침입을 막는(차수) 공법이나 환원 환경을 유지하는 방법 등이 채용되는 경우도 있다. 유해물질의 용출이 염려되는 건설 발생토에서는 차수 공법이 많이 채용되고 있으나 그 경우 경비가 막대하게 소요되므로 향후 새로운 대책공법 개발이 요망된다.

(6) 조사 단계에서 주의점

건설공사를 실시할 때, 산성수의 발생이나 유해물질의 용출 리스크를 조사 단계에서 사전 예측하여 두는 것은 사업 전체의 비용 저감에 중요한 역할을 다한다. 산성수나 유해물질의 조사라고 하면 곧바로 시료 채취와 실내 시험을 하는 것과 같은 경향을 볼 수 있다. 물론 시료의 채취나 실내 분석은 필요하지만 그 전에 현지의 상황을 잘 관찰하여 주변 지역 전체의 상황을 충분히 파악하는 것이 중요하다. 주의해야 할 포인트가 알려져 있으면 현지답사로도 상당한 것을 알아낼 수 있다. 현지 조사에서 주요 확인 항목은 다음과 같다.

① 분포하는 지층이 이질암이나 변질암 등 황철광이 생성하고 있을 가능성
   이 있는 암석＝반짝 반짝 빛나는 산화하기 쉬운 광물이 포함되어 있지 않
   은가?
② 하천이나 용수의 수소 이온 농도(pH)가 낮다＝함유광물의 용출에 의한
   산화가 생기고 있지 않은가?
③ 하천이나 용수의 전기 전도율(EC)이 높다＝전해질이 포함되어 있지 않은가?
④ 유수나 용수 지점의 암석 표면에 갈색의 퇴적물(수산화철)이 침착하고 있
   지 않은가?
⑤ 인공적인 깎기나 시추 코어 등 신선암의 표면에 시간이 경과하면 하얀 분
   말 모양의 결정(석고 등)이 생기고 있지 않은가?

또 전술한 바와 같이 점토에서 기원한 암석은 주의를 요하지만 생성 장소가
바다 지역인가 담수 지역인가에 따라 산성수 발생이나 유해물질 용출의 리스
크가 바뀐다. 해성 점토와 담수성 점토를 현장에서 검사하는 기준은 표 1.4.1
과 같다.

표 1.4.1 노두露頭에서 관찰되는 해성 점토와 담수성 점토의 특징(이치하라市原, 1984)

	해성 점토	담수성 점토
색조	암청회색暗靑灰色(검은 빛을 띠기도 한다.)	청녹색~녹회색(일반적으로 밝다.)
깨지는 방법	작게 조개껍데기 모양으로 깨진다. 노두는 부서지기 쉽다.	크게 블록 모양으로 깨진다. 노두는 벽壁 모양으로 된 것이 많다.
석출물	유황의 황색가루·석고의 침 모양 결정을 석출한다.	남철광이 보인다. 남철광은 일반적으로 청색이고 괴상·반점 모양이다. 서서히 갈색으로 변한다.

상기 지표의 기준은 환원 환경에 있었던 물질이 산화 환경에 노출되어 부식
이나 녹, 산소결핍 등의 현상이 일어나는 경우에 생기는 현상의 일례이다. 현

장에서는 이 지층이나 암석, 또는 광물이 산화하면 어떠한 현상이 일어날 수 있는가를 상상하면서 조사하면 지반이 드러내고 있는 중요한 사인(sine)을 간과하지 않게 된다.

지금까지 기술하여 온 바와 같이 황철광은 건설공사에 따라 여러 가지 문제를 일으키는 것이 있으나 결코 황철광이 나쁘다는 의미는 아니다. 환원還元 상태에서 조용히 잠자고 있는 황철광이 건설공사에 의해 산소투성이의 공기에 급격히 노출되어 발생하는 현상인 것이다. 건설공사에 관련된 기술자가 이와 같은 광물이나 암석의 특성을 사전에 이해하여 변상이나 사고 등이 생기기 전에 적절히 대처해나가야 한다.

참고문헌

1) 市原優子：海成粘土層の風化と粘土鑛物·海成粘土と硫化物をめぐって，アーバンクボタ，No. 23 (1984)

2) 林久人：地中の還元狀態の物質と地下掘削工事·海成粘土と硫化物をめぐって，アーバンクボタ，No. 23 (1984)

3) 陶野郁雄：大深度地下開發と地下環境，鹿島出版會 (1990)

4) 櫻本勇治：海成泥質岩か酸性水を發生させる可能性について，地下水技術，Vol. 36, No. 4, pp.29～33 (1994)

5) (獨) 土木硏究所編：建設工事で遭遇する地盤汚染對應マニュアル [暫定版]，鹿島出版會 (2004)

베트남 남부, 쥬라기 중기의 사암 이암 호층 중에 관입한 석영맥(사진 중앙의 백색층). 석 영맥은 상당히 단단한 균열이 발달하는 것에 대해 주위의 모암 호층은 완전히 풍화하여 토사 모양이 된다. 암종에 의한 풍화의 차이가 현저한 예

Column 토목과 지질

　토목이란 더 안전하고 풍요로운 생활을 실현하기 위해 사람이 자연에 적극적으로 작용하는 행위이다. 자연을 구정하는 요소는 수없이 많으나 그중에서도 토목 구조물과 직접적으로 연관된 요소로서 가장 중요한 것이 지질이다.

　지질의 학문 분야로서 '지질학'(이하 순수 지질학)이 있는데, 토목에 관한 지질은 '토목 지질학'으로 구별하여 불리는 경우가 많다. 그것은 양자에서 목표로 하는 대상이 다르기 때문이다. 순수 지질학의 최종 목표가 지구의 생성 과정을 해석하여 명확히 하는 것인 반면 토목 지질학은 토목 구조물을 자연과 조화시키기 위해 필요한 지질 정보를 명확히 하는 것을 목표로 하고 있다. 결국 토목 지질학에서는 '토목 구조물에 필요한 지질 정보는 무엇인가?'를 알지 못하면 유효한 조사를 할 수 없다.

　토목 구조물에 필요한 지질 정보란, 지층의 강도나 약층弱層의 분포라고 하는 토목 기술자가 바라는 정보만은 아니다. 토목 기술자가 눈치채지 못한, 전혀 발상을 다르게 한 정보도 필요로 한다. 참으로 필요한 정보를 과부족 없이, 필요한 정밀도로서, 필요한 시기에 타이밍 좋게 제공할 수 있는, 그것이 토목 지질의 전문가인 것이다.

　경험 풍부한 토목 기술자와 현장을 관찰하거나 지질 현상을 논의하여 토목 공학적인 대응책에 대한 사고를 듣는 기회를 얻는 것은 상당히 의미가 깊다. 지질 기술자는 토목 기술자와 동일한 발상을 해서는 안 되지만 지질만의 시점이어서도 안 된다. 다른 발상이 있기 때문에 토목에 유용한 정보를 제공할 수 있다고도 할 수 있다.

　지질 기술자와 토목 기술자가 제휴하지 않으면 자연과 조화된 토목 구조물을 안전하고도 경제적으로 구축하는 것은 불가능하지만 그 제휴가 단순히 조사자가 설계자에게 바통을 넘기는 것과 같은 것이어서는 안 된다. 양자가 서로의 영역에 한걸음 발을 내디며 동일한 목적하에 의논한다. 그러기 위해서는 공통의 언어(서로가 이해할 수 있는 문장)를 이용하여 어긋남이 없는 의사소통을 도모하여야 한다. 지질 기술자가 토목적 지식을 가지는 것만큼이나 토목 기술자도 지질적 지식이나 사고방식을 가질 필요가 있다.

제2장 지질을 안다

주거나 도로 등의 구조물의 토대, 지하자원 등 사람의 생활은 지질을 제외하고는 성립하지 않는다. 또 큰비나 거대지진 때마다 산이 무너져 사람의 생활에 막대한 영향을 미친다. 선조들은 재해의 흔적이나 위험한 토지를 지명으로서 나타내고 있었으나 지명도 시대와 함께 변하여 현재를 사는 사람에게는 그곳이 위험한 장소인지 이해하기 어려워지고 있다. 최근 빈발하는 하천의 범람도 국지성 호우 등 강우 패턴의 변화나 아스팔트로 지면을 덮는 등의 요인 외에 물을 모으기 쉬운 지질이 원인이라는 설도 있다.

흙이나 돌이 말을 하지는 않지만 지질은 사실 많은 것을 사람에게 이야기하고 있다. 그렇다고는 하지만 만연한 지질 현상을 바라보는 것만으로는 알 수 없다. 지질을 읽고 지질의 성립을 이해하여 비로소 지질이 말을 걸고 있는 것을 알 수 있다. 위험한 장소를 피하고 위험의 징조를 알 수 있을 뿐만 아니라 시공을 초월한 몇 만, 몇 억의 지구 역사를 여행하는 것도 가능한 것이다. 본 장에서는 지질을 읽고 지질의 성립을 찾는 단서를 소개한다.

우스有珠산의 화산분화의 영향으로 융기하여 울퉁불퉁해진 도로

암반의 성상을 결정하는 '소재'와 '이력'

암석 이름에 혼란되지 않고 암반 성상을 이해하기 위해

1. 암석의 이름과 암반 성상

현장에서 발생 가능한 지질 현상에 기인하는 문제를 예측할 수 있으면 얼마나 좋을까. 자신이 담당하는 현장에 분포하는 암석(여기에서는 화강암이나 사암이라는 암종을 가리킨다)이 어떠한 특징을 가지고 있고 어떠한 문제를 초래하기 쉬울까. 다른 현장의 사례를 참고하는 데 동일한 이름의 암석이 분포하는 현장은 의외로 적은 것은 아닐까. 한편으로 다른 이름의 암석이라도 유사한 성상을 보이는 경우가 있다. '이암泥岩'과 '혈암頁岩', '점판암粘板岩', '천매암千枚岩'은 전혀 관계가 없을 것 같은 이름이지만 그 성질은 매우 닮아 있다. 그것은 이것들이 '이질암泥質岩'이라 불리는 '소재'가 동일한 암석이기 때문이다.

2. 세쌍둥이의 혼백까지(이질암泥質岩을 예로)

암석은 '화성암火成岩', '퇴적암堆積岩', '변성암變成岩'의 3종류로 대별된다(그림 2.1.1).

화성암은 땅속의 마그마가 냉각하여 고결된 것으로서 지표 부근에서 급속히 냉각되어 생긴 것을 '화산암'(안산암安山岩, 현무암玄武岩 등), 지하 심부에서 서서히 냉각된 것을 '심성암深成岩'(화강암花崗岩, 섬록암閃綠岩 등)이라 한다. 퇴적암은 화성암이나 변성암, 나아가서는 퇴적암이 부서진 것이나 생물의 유해가 퇴적하여 고결된 것이다(이암, 사암, 역암, 석회암, 챠트 등). 변성암은 화성암이나 퇴적암, 변성암이 지각 응력(광역 변성 작용)이나 열(접촉 변성 작용)에 의해서 암석 구조의 변화나 온도·압력 조건에 따라서 광물이 재결정하여 생긴 것이다.

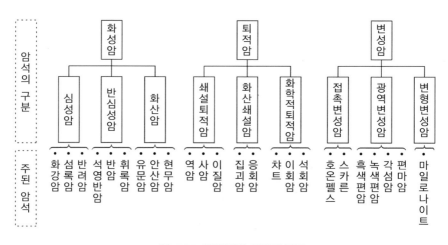

그림 2.1.1 성인成因별 암석의 종류

이와 같은 분류는 성인에 착안한 것이지만 동일한 그룹의 암석이라도 암반으로서의 성상이 반드시 동일하다고는 할 수 없다. 예를 들면, 화강암은 동일한 '화성암'인 안산암보다도 '변성암'인 편마암에 외형도 성상도 매우 비슷하

다. 암반으로서의 성상이 유사한지 여부는 성인보다도 암석이 무엇으로 되어
있는지 이를테면, 암석의 '소재'에 의한 부분이 크다. 이암을 예로 고려하여 보
자(그림 2.1.2).

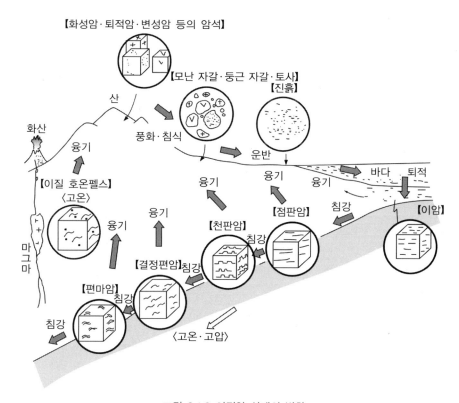

그림 2.1.2 이질암 상태의 변화

이암은 '화성암', '변성암', '퇴적암'이 풍화·침식된 것이 더욱더 물 흐름에
의해 운반되어 호소湖沼나 해양海洋 등에 퇴적하여 생긴다. 퇴적 시점에서는 아
직 점성토(점토·실트)이지만 이 점성토 위에 계속해서 새로운 퇴적물이 겹쳐
져 지하 심부로 매몰되어 고결해나가면 이암이나 혈암*이 된다(이 작용을 속성

* 이암은 박리성이 없고 블록 모양으로 깨지는 것을 가리키고, 박리성이 있는 이질암은 혈암으로

續成작용이라 한다).

이암이 지하 심부에 매몰되어 속성 작용·변성 작용을 받으면 점판암→천매암→결정편암(이질편암)→편마암으로 변화한다(속성 작용·변성 작용이 순차 진행된 경우의 모식적인 예). 한편, 이암이 마그마 등 고온에 접촉하면 이질 호온펠스(흑운모 호온펠스)로 변화한다.

앞서 기술한 성인에 의한 구분에서는 이암과 혈암은 '퇴적암', 점판암과 천매암, 이질편암, 편마암, 이질 호온펠스가 '변성암'에 해당한다. 그러나 '소재'로서 보면 전부 점성토를 기원으로 하는 암석(이질암)인 것이다. 이질암의 대표적인 암석에 대해서 지질명과 공학적인 성질은 표 2.1.1과 같다. 전술한 바와 같이 이질암은 속성 작용·광역 변성 작용·접촉 변성 작용의 진행에 의해서 변화하지만 점성토 '소재'로 되어 있는 암석은 어느 쪽도 '강도가 낮고 풍화하기 쉽다', '풍화하면 점성토로 된다', '구조물의 지지 지반이나 비탈면 안정상, 요주의'라는 특징을 가지고 있다. 암석명이 변하여도 이질암이 가진 특징은 변하지 않는다.

표 2.1.1 이질암의 지질·공학적 특징

지질명	지질·공학적 성질
이암	점성토(점토·실트) 층이 고결한 것이다. 일반적으로 특별한 면 구조는 가지지 않으나 강도가 작다. 풍화에 대한 저항력이 약하여 원래의 점성토로 되기 쉽다. 댐 등의 대규모 구조물의 지지 지반이나 비탈면의 지질로서 문제가 많은 요주의 지질이다.
혈암	이암의 속성 작용이 진행하여 굳어진 것으로서 조개껍데기 모양의 균열이 발달하여 박리성을 가진다. 혈암의 공학적 성질도 이암과 마찬가지로 일반적으로 강도가 낮으니 이암보다는 강도가 높다. 풍화에 대한 내성이 낮아 원래의 점성토로 되기 쉽다. 대규모 구조물의 지지 지반이나 비탈면의 지질로서 요주의 지질이다.

구별된다. 실제로는 이암과 혈암은 혼용되고 있으며, 고결도가 높은 것이나 오랜 시대의 이암을 혈암으로 하고 있는 경우도 많다.

표 2.1.1 이질암의 지질·공학적 특징(계속)

지질명	지질·공학적 성질
점판암·천매암	박리성이 있으며 역학적 이방성을 가진다. 점판암·천매암이라는 호칭은 지질학적으로는 명확한 정의는 없지만 공학적으로는 일반화된 호칭이다. 이러한 것도 위에서 기술한 이질암과 마찬가지로 풍화에 대한 저항력이 약하여 쉽게 점성토로 되돌아가는 것이 있다. 공학적으로는 구조물의 지지 지반이나 비탈면 지지로 주의를 요하는 지질로서 특히 층리면이나 절리면이 '유반流盤'의 방향인 경우, '층면 활동'이 발생하기 쉽다.
이질 편암	강한 박리성·이방성을 가진다. 풍화에 대한 저항력이 약하여 쉽게 점성토로 돌아간다. 공학적 성질은 점판암·천매암의 박리성·역학적 이방성이 더욱더 강해져 대규모 구조물의 지지 지반이나 비탈면의 지질로서 주의를 요하는 지질로서, 비탈면 지질로서도 문제가 많아 변성암 지대의 '산사태'라고 하면 이질 편암이 관여하고 있다고 해도 과언은 아니다.
이질 편마암	편마암은 광역 변성 작용으로서 생긴 고변성도의 조립호상암粗粒編狀岩의 총칭으로서 광역 변성대의 고온부에 생성된다. 이질암의 경우, 일반적으로 유색 광물이 많은 흑색호와 규장질 백색호로부터 이루어진 호상 구조가 발달한다. 공학적 성질은 위에서 기술한 박리성·이방성이 약간 완화되어 암반으로서는 지지 지반·비탈면 지질로서 약간 양호해지는 경우가 많다. 그러나 다른 변성암에 비해 풍화에 대한 저항력이 약하여 용이하게 점성토로 변화하므로 요주의이다.
이질 호온펠스 (흑운모 호온펠스)	상기의 이질암이 화강암체 등에 가까워 열의 영향을 강하게 받은 경우, 이질 호온펠스(흑운모 호온펠스)라 불리는 경질인 암석으로 된다. 공학적인 약점은 적다.

변동대에 위치한 일본에서는 어느 지역에 하나의 암석만이 고르고 넓게 분포하는 것은 드물고 다른 암석이 모여 하나의 지질체를 형성하는 것이 대부분이다. 지질체는 지질체 전체의 특징을 가지면서 지질체를 구성하는 개개의 암석 고유의 성상도 가지고 있다. 암반 전체의 성상을 파악하기 위해서는 항상 개개의 암석 특유의 성상을 염두에 두어야 할 것이다.

3. '이력履歷'도 중요

암반의 성상은 암석의 '소재'만으로 결정되는 것은 아니다. 일련의 지질체는 암석으로 된 후, 현재까지의 사이에 구조 운동(습곡褶曲이나 단층斷層)이나 열수 변질熱水變質, 풍화 등 '이력'을 거치고 있다. '이력'도 암반 성상을 결정하는 중요한 요소이다.

중·고생대의 퇴적암류로 이루어진 지질체를 예로 설명하여 보자. 중·고생대 퇴적암류로 이루어진 지질체라고 하면 조성 시기가 오래되어 고결도가 높아 단단한 암반을 상상할지도 모른다. 그러나 다양한 '이력'을 거치면 다음과 같이 되는 경우도 있다.

① 암석 자체는 경질이지만 습곡이나 단층이 발달하여 지질 구조가 복잡하다.
② 사암이나 챠트와 혈암(점판암, 천매암)의 호층에서는 변형성이 다르므로 사암이나 챠트는 가는 조각 모양으로 깨지고 혈암은 유동流動 변형을 받아 연질화하여 파쇄암 모양을 나타내는 것이 있다.
③ 괴상의 사암·챠트 등은 암편의 강도는 높으나 지표 부근에서는 개구 균열이 발달하는 경우가 있다.
④ 혈암(점판암, 천매암)은 층리면이나 편리면을 따라서 활동하기 쉽다.

동일한 퇴적암류라도 새로운 시대와 오래된 시대의 것, 사암 주체의 것과 이암 주체의 것에서도 암반 성상은 다르다. 또 동일한 중·고생대 퇴적암류에서도 다른 구조 운동을 받으면 다른 암반 성상을 하는 것은 쉽게 이해할 수 있을 것이다. 이것이 지질이 흥미 있는 것이자 어려운 것이라고 필자는 생각하고 있다.

4. 일본의 지질과 암반 성상

지금까지 기술하여온 '소재'와 '이력'이라고 하는 관점으로부터 일본의 지질체를 보면 필자는 8종류의 특징적인 지질체로 구분할 수 있을 것으로 생각하고 있다(표 2.1.2).

오래되어 단단해졌다고 해서 반드시 좋은 암반이라고는 할 수 없다. 예를 들면 표 2.1.2의 '③ 화강암류'는 경질이고 괴상의 암석이며 빌딩의 벽면이나 묘석·기념비 등 석재로서 널리 사용되고 있으나 일본에서의 화강암은 균열이 많고 화강암 풍화토화가 지하 심부까지 진행하고 있는 것도 많다. 또 일본의 화강암은 신생대의 화산활동에 의한 열수변질의 영향을 받아 연질로 되어 있는 것도 많다. 경질인 노두가 많은 화강암의 산에서도 일정하게 양호한 암반이 분포하고 있는 것은 드문 일이다.

시공 시에 급격히 암반이 열화하는 것도 있다. 표 2.1.2의 '⑥ 신제3기 퇴적암류'의 이암은 굴삭에 의해 지표에 노출하면 슬레이킹(slaking)이나 스웰링(swelling)*을 일으키고 극단적인 예에서는 하루저녁에 급격히 점토화하는 것이 있을 정도이다. 암반의 '이력'은 현재에도 진행하고 있다. 공사 중에 의해 환경이 변화하면 암반의 성상도 변화하는 것을 잊어서는 안 된다.

각각의 지질체에는 '소재'와 '이력'에 의해서 각각 특유의 성질이 있다. 설계·시공 시에는 이와 같은 지질체마다의 특징을 머릿속에 넣어 두어야 할 것이다. 최근에는 일본의 광역 지질도를 인터넷에서 쉽게 열람할 수 있다. 예를 들면 '산총연産總研지질 조사총합센터'의 홈페이지에서는 각종 지질도가 공개되어 있다[1]. 광역의 지질도에는 암반으로서의 성상은 표현되어 있지 않으나 업무 대상지의 광역 지질만큼은 사전에 조사하여 두고 표 2.1.1이나 표 2.1.2를 참고로 상정되는 공학적 성상을 공부해두면 좋을 것이다.

참고문헌

1) 産總研地質調査總合センターホームページ http://www.gsj.jp/HomePageJP.html

---

* 스웰링(swelling) : 흙이나 암석이 물을 흡수하여 팽창하는 현상. 점토 광물이나 팽윤성이 큰 점토를 포함하는 경우에 일어나기 쉽다.

표 2.1.2 지질 구분과 공학적 특징

지질 (체)구분	구성암종		지질체의 일반적인 공학적 특징
① 중·고생대 퇴적암류	사암·혈암 (점판암, 천매암)·챠트· 석회암·녹색암		• 암석 자체는 경질이지만 종종 단층이나 파쇄대를 수반하여 지질 구조가 복잡하다. • 사암이나 챠트와 혈암(점판암, 천매암)의 호층에서는 지각 응력을 받은 경우의 양자의 변형성 차이로부터 전자는 가는 조각 모양으로 깨어지고 후자는 유동변형을 받아 연질화하여 파쇄암 모양을 나타낸다. • 괴상의 사암·챠트 등은 암편의 강도는 높지만 종종 개구 균열이 발달한다. • 혈암(점판암, 천매암)은 층리면이나 편리면을 따라서 활동하기 쉽다.
② 변성암류	광역 변성암	결정편암· 편마암 (이질·사질· 염기성 등 원암原岩으로 구분)	• 대규모인 구조선과 밀접한 관계가 있는 것이 많고 구조선을 따라서 띠모양으로 분포한다. • 편마암은 비교적 견고하고 단단하며 치밀하지만 편암류(특히 이질편암)는 박리성이 강하고 역학적 이방성이 현저하다. 또 풍화의 영향을 받아 연질화하여 편리면을 따라서 활동하기 쉽다.
	접촉 변성암	호온펠스 결정질 석회암	• 화강암류의 주변 등에 분포하고 있는 것이 많다. • 일반적으로 견경하고 치밀하다.
③ 화강암류	화강암·화강섬록암· 섬록암		일반적으로 견경·치밀한 암반이지만 일본과 같은 변동대에 있는 화강암류는 절리도 현재화하여 균열도 많고 언뜻보아 안정한 산 모양을 나타내고 있어도 심부까지 화강암 풍화토화 하고 있거나 단층이나 절리에 연하여 심부까지 풍화가 미치고 있는 경우가 있다(심층 풍화).
④ 백악기말~ 고제3기산 성화산암류	유문암류(유문암질~디 이사이트질의 화쇄암)		• 암질은 딱딱하지만 냉각절리가 발달한다. • 열수변질을 받아 연질화하고 있는 경우가 있다.
⑤ 신제3기 화산암· 화쇄암류	안산암·유문암·응회암		• 암상 변화가 풍부하여 중경질인 경우도 있으나 일반적으로는 연암에 속한다. • 몇 층의 용암이 겹쳐 경계부에 취약부를 수반하거나 연질인 응회암·사암·이암을 사이에 두는 것이 많으며 열수변질을 받아 연질화하고 있는 경우도 있다. • 열수변질부에서는 굴삭에 의한 제하·폭로에 따라 급속히 열화한다.

표 2.1.2 지질 구분과 공학적 특징(계속)

지질 (체)구분	구성암종	지질체의 일반적인 공학적 특징
⑥ 신제3기 퇴적암류	사암·실트암·이암	• 지층 구조는 비교적 단순하다. 절리 등의 균열은 적고 각각의 암상은 비교적 등방균질하지만 호층을 형성하는 경우에는 암상마다의 물성에 큰 차가 생기거나 연약층을 협재하는 것이 있다. • 일반적으로 연암에 속하고 강도·변형성이 떨어지지만 슬레이킹이나 스웰링에 의한 경시적인 물성 변화가 생기기 쉽다. • 투수성은 일반적으로 낮으나 고결도가 높은 것은 균열이 발달하여 고투수성을 이루는 것이 있다.
⑦ 제4기 화산암· 화쇄암류	용암(화산암)· 화쇄물(화쇄암)	• 용암(화산암)과 화쇄물(화쇄암)이 겹쳐져 있거나 분포가 불규칙하거나 하는 경우가 많아 암상이나 층상의 변화가 매우 현저하다. 지질 구조의 파악이 곤란한 경우가 많다. • 일반적으로 층의 용암 두께가 얇고 신제3기 화산암·화쇄암류의 특징이 보다 현저하다.
⑧ 제4기 퇴적암(물)류	자갈·모래·점토	고결도가 낮고 내하성이나 차수성에 뒤떨어진다.

지형이 말하는 지질과 원지반 성상

지형은 지질을 푸는 열쇠

1. 지형은 지질을 푸는 열쇠

각종 토목 구조물에서는 계획으로부터 설계까지의 각 단계에서 지질 조사나 설계 검토가 실시되지만 지형 조사는 그다지 중시되고 있지 않다는 보고가 있다. 그것은 '지형을 보아도 지질이나 원지반 성상은 모른다', '지형 조사에서 아는 것은 산사태나 활단층의 존재 여부 정도'라고 생각하고 있음에 틀림없다.

그러나 토목 구조물의 기초가 되는 원지반이 얕은 부분의 성상은 원지반을 구성하는 지질과 지형의 형성 프로세스에 좌우되고 있다고 해도 과언은 아니다. 지형으로부터 읽을 수 있는 것은 의외로 많아 '지형은 지질을 푸는 열쇠'라고도 한다. 여기에서는 '지형이 말하는 지질과 원지반의 성상'에 대해서 기술하고자 한다.

2. 전체적인 지형을 바라보자

시라카미白神산지 주변의 지형을 보기 바란다(그림 2.2.1). 이것은 10 m 메쉬의 수치 지도 데이터로 작성된 입체도로서 북서측에 광원光源을 두어 산지의 모습을 그 음영을 통하여 알기 쉽게 한 것이다(음영도). 영역의 북으로 이와키岩木산을 안고 중앙부에 이와키岩木강의 상류역이 정착하고 있으며 거의 중앙에 메야目屋댐과 그 저수지(미야마美山 호수)가 위치하고 있다. 상당히 넓은 범위이지만 이 지역의 지형 개관을 잘 표현하고 있다. 이 음영도로부터 무엇을 읽어낼 수 있는가?

그림 2.2.1 이와키岩木강 상류역의 지형(음영도) [홋카이도北海道 지도(주) 작성]

우선은 수계에 주목하여 보자. 남측의 산지로부터 북서 방향으로 늘어난 비교적 규모가 큰 이와키岩木강의 지류군이 미야마美山 호수와 이와키岩木강의 본류에 직접 유입하고 있다. 유역의 규모는 대체로 동일하고 작은 수계水系의 발달 상황도 유사하다. 서측 지역(이 그림에서는 범위가 약간 좁지만)은 남북 방향의 수계·능선이 탁월하고 이것에 지교하는 동서의 작은 수계가 보인다. 작은 수계의 발달 상황은 남측의 산지와 비교적 유사하다. 한편 미야마美山 호수의 북측 지역은 작은 수계가 현저하게 발달된 기복이 작은 산지로 되어 있어 남측과 서측과는 다른 것을 알았다. 남측과 서측, 북측에서는 지질이 다른 것은 아닐까라는 추측을 할 수 있다.

다음에 북동측의 이와키岩木산을 보자. 이와키岩木산은 멋진 원추형 산 모습을 나타내고 이와키岩木산 기슭의 들판이 마치 주변의 지역 위에 얹혀 있는 것 같다. 이와키岩木산이 명확히 주변보다도 뒤에 형성된 젊은 지형이라고 읽어낼 수 있다.

왜 장소에 따라 이와 같은 차이가 있는지 생각하여 보자. 시라카미白神 산지 주변의 지형은 전체적인 지질 구성·구조를 비교적 잘 반영하고 있다. 시라카미白神 산지의 남부와 서부 지역에는 지질 시대적으로 오래되고 단단한 화산암류가, 미야마美山 호수의 북측에는 그것들 보다 새로운 시대의 퇴적연암류가 분포하고 있다. 서측 지역에는 규모가 큰 남북계의 단층이 몇 개 있고 일부 주된 수계인 이와키岩木산과 일치하는 것도 볼 수 있다. 또 이와키岩木산은 비교적 새로운 화산이며 원추형 지형은 뒤의 침식 등을 받고 있지 않은 새로운 화산에 특징적인 것이다.

맨 처음에 전체적인 지형으로 접해본 것은 광역의 특징을 파악할 때에는 이 정도의 스케일로부터 들어가 보면 지역의 지형적인 전체상을 알기 쉬울 뿐만 아니라 지형이 지질과 관계하고 또 그 형성 과정을 훌륭하게 표현하고 있는 것이 파악되기 때문이다.

지금은 널리 알려져 있는 '판구조론(plate techtonics)' 이론. 녹일의 기상학자 Alfred Wegener(1880∼1930)가 '대륙이 이동한다'고 최초에 문득 머릿속에 떠올린 것은 남아메리카와 아프라카의 지형을 바라보고 있었을 때라고 한다. 앞서 기술한 광역 지형보다도 더욱 스케일이 커지지만 전체적인 지형을 바라보는 것은 정말로 지질(지구) 그 자체를 아는 것과 일맥상통한다.

3. 지형은 원지반의 역사를 말하고 있다

지질 조사를 하고 있으면 갑자기 기묘한 지형이나 지질 상황에 마주치는 경우가 있다. 어느 정도 지질 답사를 하여도, 시추 조사를 하여도 기묘한 지형이나 지질의 성인을 알 수 없을 때는 지형을 조사하면 문제 해결의 힌트를 찾아낼 수 있는 것이다.

반대로 '지형에 속는다'는 말도 있다. 안부鞍部*나 완사면 등 토목 지질에서는 주의해야 할 지형이 몇 가지 있다. 경험적으로 '이 지형에서는 이와 같은 문제가 있다'는 것은 알고 있지만 때로 그 지형이 사람의 지혜가 미치지 않는 지질적인 문제를 안고 있거나 주의해야 할 지형에만 주목하여 진짜 문제를 간과하는 경우도 있다. 실제로 현장에서 일어난 지형과 지질을 둘러싼 사례를 소개해본다.

(1) 거대한 암덩이의 퇴적물은 어디로부터 온 것인가

도호쿠東北 지방의 어느 현장에서 늪가의 비탈면에 거대한 암덩이를 다량으로 포함한 퇴적물이 분포하고 있는 것을 발견하였다(그림 2.2.2). 그 퇴적물은 댐의 저수지가 계획되고 있는 장소에 있었기 때문에 퇴적물의 성인이나 성상에 따라서는 퇴적물의 붕괴나 누수를 초래할 가능성이 있었다.

---

* 안부鞍部 : 산의 능선의 일부로서, 낮게 움푹 들어가 말의 안장 모양으로 되어 있는 곳. 능선의 양쪽 골짜기의 두부頭部에 침식되었기 때문에 생긴 것으로서 장소에 따라서는 고갯길로 되어 있는 곳도 있다.

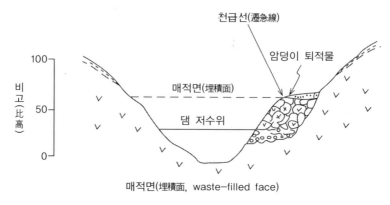

그림 2.2.2 저수지의 이상한 암덩이 퇴적물의 분포

    거대한 암덩이를 다량으로 포함한 퇴적물의 주변은 상당히 표고가 높은 장소까지 균질한 괴상의 화산암이 분포하고 있었으나 양안의 비탈면은 상당히 요철이 적은 '편평하고 기복이 없는 모양'으로 된 지형이 많아 붕괴나 산사태의 가능성은 고려되지 않았다. 이 외에도 이와 같은 퇴적물의 존재 여부와 조사 지역을 샅샅이 답사하였지만 유사한 퇴적물은 보이지 않았다.

    어떻게 거대한 암덩이를 대량으로 포함한 퇴적물이 그곳에 있는 것인가를 고려하는 것이 문제해결의 첫걸음이지만 좀처럼 좋은 생각이 떠오르지 않는다. 고민하면서 조사지 전체의 지형도를 바라보고 있으면 어느 지류역에는 거의 일정한 표고의 장소에 단속적斷續的이면서 천급선遷急線이 있는 것을 깨달았다. 그리고 이 천급선이 퇴적물의 상면과 일치하고 있다. 혹시나 하는 생각에 또 한 번 답사해보면 거대한 암덩이가 없는 장소에는 비탈면에 사질토와 같은 것이 조금 있는 것을 알았다. 또 거대한 암덩이 퇴적물의 하부에 굴삭된 조사 횡갱에서 퇴적물의 기질基質의 부분에 화산회질 모래를 발견하고 도로의 굴삭면에서도 화산재 모래를 발견하였다.

    그 후 이 거대한 암덩이의 퇴적물은 옛날에 현재의 계곡과 거의 같은 규모의 옛 하천을 메운 대규모인 화산 이류泥流의 자취라는 것을 알았다. 원래 하천이나 오목부가 있으면 화산 이류는 흐르기 쉬웠을 것이다. 화산 이류가 흘러 옛 하천을 매립하고 그 후 화산 이류의 대부분이 침식되어 현재의 계곡으로 되어 있었던 것이다.

현재의 하천에는 대부분 남아 있지 않은 화산 이류를 상정할 수 있었던 것은 동측의 핫코타산八甲田山*에서 기원한 시라스白砂, 白州** 대지를 별개 장소로 보고 있었던 것도 있지만 지형 전체를 조감하였던 것이 컸던 것 같다. 이 현장의 화쇄류나 화산 이류와 같이 상상을 훨씬 초과한 규모의 것을 독해하기 위해서는 관조적으로 접근하여 이해하는 것이 바람직할 수 있다.

(2) 안부(鞍部)지형의 성인은……

'안부鞍部지형은 단층의 존재를 시사하므로 요주의'라고 하는 조사의 철칙이 있다. 안부鞍部지형은 단층 파쇄대 등 주변의 원지반에 비해 연약한 부분이 선택적으로 침식이 진행하여 형성되는 것이 많고 안부鞍部에 대규모인 지질 단층에 의한 파쇄대나 활단층이 존재하고 있었던 경우가 많이 확인되고 있다. 안부鞍部지형이 직접 토목 구조물의 기초가 되지 않는 경우에도 그 안부鞍部지형이 활단층이면 장래 대규모 지진을 일으킬 우려가 있으며 댐 저수지 근방이면 '물길'로 되어 누수를 일으키는 것도 있다. 따라서 안부鞍部지형이 있다면 단층 파쇄대를 의심하여 조사를 하는 것이 중요하지만 때로 다른 성인에 의해 안부鞍部지형이 형성되는 것도 있다.

---

* 핫코타산八甲田山은 아오모리青森시의 남측에 우뚝 솟은 복수 화산의 총칭으로 일본 백대 명산의 하나. '핫코타산八甲田山'이라고 이름이 지어진 단독 봉우리는 존재하지 않는다. 이와키야마岩木山와 같이 혼슈本州 최북부에 있는 화산군.

** 시라스白砂, 白州는 큐슈九州 남부 일대에 두꺼운 지층으로 분포하는 세립의 경석軽石이나 화산재이다. 신선세鮮新世로부터 갱신세更新世에 걸친 환산활동에 의한 분출물이지만, 지질학에서는 이 중 특히 입호화새류入戸火砕流에 의한 퇴적물을 가리킨다. 옛날에는 흰 모래를 의미하는 일반적인 말이며, 현대에도 토호쿠東北 지방에서는 이 의미로 사용된다.

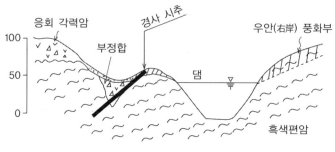

그림 2.2.3 안부鞍部의 부정합不整合의 예

그림 2.2.3을 보기 바란다. 어느 변성암(흑색 편암)을 기반으로 하는 댐 사이트의 좌안 측에 안부鞍部지형이 확인되었다. 당초 이 안부鞍部지형은 흑색 편암의 단층 파쇄대를 시사하는 것은 아닐까라고 생각하였다. 댐의 차수 처리 여부를 검토하기 위해 경사 조사 시추를 실시하였으나 안부鞍部 부근에는 파쇄된 흑색편암도 강풍화된 균열 밀집부도 확인할 수 없었다. 그 대신에 안부鞍部 부근에는 신선한 응회 각력암이 분포하고 있었다. 흑색 편암과 경계부도 신선하고 밀착해 있으며 단층에 의한 변위는 고려되지 않았다. 그림과 같이 V자형으로 침식된 흑색 편암의 골짜기를 응회 각력암이 부정합으로 덮여 있었던 것이다.

우안의 고표고부高標高部에는 응회 각력암이 분포하고 있는 것은 알려져 있었으나 응회 각력암은 흑색 편암을 완만히 덮고 있는 것 정도로 생각하고 있었으므로 구 지형의 V자 골짜기를 메우고 있었던 것에는 놀랐다. 한편 응회 각력암으로 덮여 봉인된 것처럼 되어 있었던 V자 골짜기가 오랜 시간에 걸쳐 서서히 안부와 같은 지형으로 되어 다시 나타난 것은 정말로 자연의 경이로움이라 할 수 있을 것이다.

(3) 하천은 어디를 침식하는가?

골짜기에 위치한 하천은 어떻게 생긴 것일까. '주위에 비해 상대적으로 부드러운 지층이나 단층, 균열 밀집부 등의 취약부를 침식하며 하천은 흐른다', 반 정도는 올바른 답이고 반 정도는 틀린 답이다. 그림 2.2.4, 그림 2.2.5를 봐주기 바란다. 이 지역의 지질은 단단한 안산암과 사력으로 이루어진 단구段丘 퇴적물로 구성된다. 일반적으로 생각하면 하천이 흐르고 있는 장소에는 주변의 지층에 비해 상대적으로 연질인 단구 퇴적물이 분포하고 있을 만하겠지만 어떻게 하천은 단단한 안산암 부분을 흐르고 있는 것인가.

이와 같은 현상은 원래 현 하상의 우안 측에 있었던 넓은 구 하천이 어느 시기에 사력으로 구성된 단구 퇴적물이 퇴적하였기 때문에 하도가 좌안 측으로 이동하여 단단한 안산암을 침식하였기 때문에 생긴 것이다. 이와 같이 일단 하천의 침식이 시작하면 특히 단단한 지질(여기에서는 안산암)의 개소에서도 수류가 하천을 침식하여 골짜기를 형성하는 것이 있다. 이와 같은 골짜기를 표성곡表成谷이라 한다.

그림 2.2.4의 사례의 개소에서는 그림 좌측의 안산암 협곡부에 댐을 설치하기로 하였다. 댐 기초 암반(단단한 안산암)에 문제는 없는 것인가. 그림 우측의 단구 퇴적물로부터의 누수를 염려하여 단구 퇴적물의 표면 차수벽을 대대적으로 하게 되었던 경위가 있다. 이와 같은 표성곡은 단구나 시라스 대지가 발달한 장소에 종종 발견되는 것이 있다. 예를 들면 산간지 중에서 넓은 단구면이 형성되어 있어 하류 측으로 급히 골짜기의 형상이 바뀌는 경우에는 이와 같은 지형이 어떻게 하여 생겼던 것인가를 생각해보는 것이 중요하다.

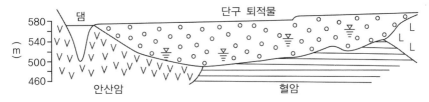

그림 2.2.4 댐 수부袖部의 단구 퇴적물의 분포(하류 측으로부터 본 단면) (참고문헌[2] 참고)

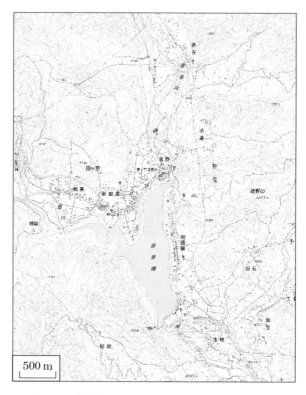

500 m

그림 2.2.5 댐 사이트 주변의 지형(1/25000 사루가쿄猿ヶ京)

(4) 험준한 협곡의 지질은 반드시 양호하지 않다

깊은 협곡은 뱃놀이의 관광명소가 되기도 하므로 절경을 만끽하기에는 좋지만 대체로 지형·지질 조건이 불안정한 경우가 많다.

다음은 비고比高가 120 m 정도인 제3기층의 괴상 응회암이 분포하는 협곡의 예이다. 이 지역은 전체로 좌안 측의 비딜면 구배가 완만하여 좌안 측에 도로가 취부해 있다. 이 부분만 좌안 측이 급사면을 이루어 도로가 간신히 취부해 있다 (그림 2.2.6). 이 정도의 급사면이기 때문에 견고하고 양호한 암반일 것이라고 생각하기 십상이지만 좌안 측의 곡벽谷壁에 있는 두꺼운 괴상 응회암층에는 개구된 균열이 발달해 있어 급사면에 느슨한 암덩이가 겹쳐진 것과 같은 상태로 되어 있다. 실제 경승용차 크기의 낙석이 발생한 것도 있었다.

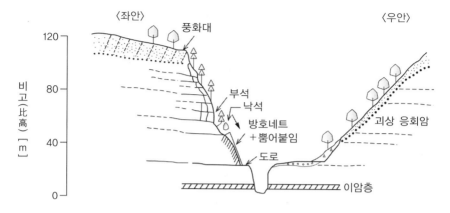

그림 2.2.6 좌안 급사면(유반流盤)의 이완역 개념도

앞서 기술한 바와 같이 좌안 측 일대는 애추(Talus) 퇴적물이 분포하고 있던 지 산사태에 의해 비탈면 지형이 훨씬 완만해져 있는 곳이 많다. 문제의 개소가 하천의 사행蛇行에 의한 공격사면*에 해당한다고는 해도 이 정도 비고가 있는 급사면이 남겨져 있는 것이 오히려 부자연스럽다. 급사면이란 뒤집어 말하면 발아래를 지지하는 원지반이 극단적으로 적어 대단히 불안정한 상태에 있다고 해도 좋다. 좌안 측은 전체로서는 무너져 안정화로 향하고 있는 비탈면이라고 생각할 수 있다.

문제의 개소는 급격한 침식에 의한 제하 작용에 더하여 유반流盤**구조에 기인한 산 측으로의 크리프 현상에 의해 이완이 비탈면의 뒤쪽까지 진행하고 있다고 판단하였다. 실제는 문제의 개소의 상류 측에서는 예전에 댐 계획이 있어서 지질 조사가 시행되었으나 원지반의 투수성이 높아 지하수위가 현저히 낮은 것을 알고 계획을 단념한 경위가 있다. 댐 계획이 된 장소이면 당연히 계곡

---

* 공격사면 : 하천의 곡류부에 면하고 있는 외측의 오목형 비탈면. 일반적으로 침식의 영향으로 서 급사면을 형성하는 곳이 많다.

** 유반流れ盤이란 암반(퇴적암층, 화성암층, 변성암층, 호층 상태 등)의 노두에서 지층의 경사가 지형의 경사에 대해 동일 방향으로 경사져 있는 것을 말한다. 산사태 메커니즘을 해석하는 조사, 토목 공사에서는 특히 깎기, 또 비탈면 성형 공사를 할 때에는 주의해야 할 지질 조건이다. 반대로 지층의 경사가 지형의 경사에 대해 교차하고 있는 것을 수반受け盤이라 한다.

과 같은 급사면이다. 투수성이 높아 지하수위가 낮다는 것은 역시 경사면이 이완되어 있었던 것을 유추해볼 수 있다.

4. 현장 정보를 가미하여 지형의 형성 과정을 파악한다

안부鞍部나 협곡이라고 하는 지형의 형성 과정과 그곳에서 볼 수 있는 지질의 사례를 소개하였다. 대상 지역의 지형을 조금 넓게 바라보는 것은 그 지역의 비교적 새로운 시기(제4기 후기)의 역사를 파악하는 것에 상당히 유용할 것으로 생각하기 때문이다.

산사태나, 활단층 등의 조사에서는 지형 판독·항공사진 판독은 중요하고 유효한 조사 방법으로서 적용되어 오고 있다. 지형 조사의 포인트는 어떠한 지형 요소가 있는가 뿐만 아니라 어떻게 지형이 형성되어 왔는가에 있다. 예를 들면 활단층 조사에서는 단층 변위 지형의 형성 과정과 누적성을 파악하는 것이 중요하다. 또 산사태에서는 활동 범위의 특정과 산사태 지형의 발달이나 성쇠를 파악하는 것이 그 장소의 지질 성상을 알아서 향후의 변화를 예측할 수 있는 것에 관련될 것이다.

최근의 지형 표현에 관계된 기술은 디지털화의 물결을 타고 급격히 진화하고 있다. 이전부터 훨씬 리얼하게 또 상세히 지형을 파악하는 것이 가능해지고 있다. 예를 들면 레이저 DEM(Digital Elevation Model)으로는 지형에 관한 정량적인 정보를 쉽게 계측할 수 있을 뿐만 아니라 다양한 지형 표현도가 가능해져 왔다. 도로나 댐 계획 등 대규모 구조물의 계획 단계에서 이용되는 축척 1 : 2000의 정밀도에서도 간과하는 지형 요소가 사라지고 있는 인상마저 받는다. 또 상세한 지형 표시에 의한 해저드 맵(Hazard map)을 이용하면 종래의 지형도를 이용하고 있었던 것에 비해 방재상의 주의 개소 등 정확히 리얼한 이미지로 읽어내는 것이 가능하여 활용하는 측의 인식도 변하고 있는 것처럼 생각된다.

그러나 중요한 것은 역시, 현지와의 조합을 가미한 지형 형성 과정을 파악하는 자세를 가지는 일일 것이다. 기술자의 적절한 해석이나 고찰이 없으면 모처럼의 상세한 지형도도 단지 미세하고 아름다운 도면으로 끝나버린다. 기술의 진화가 새로이 정밀도가 높은 지형 인식으로 연결되어 가지 않으면 안 된다. 정밀도가 높고 상세한 지형도가 기술자의 기술 향상과 더불어 각종 데이터베이스와 결부되어야만 대상 지역의 다양한 지질 현상을 높은 정밀도로 예측할 수 있게 되는 것은 아닐까.

공공사업에서의 예산 절감에 관해서도 지형 조사는 중요한 역할을 완수할 수 있다. 왜냐하면 총사업비는 초기 단계의 입지 선정에 의해 크게 바뀌기 때문이다. 지형 지질상의 큰 문제를 간과하여 입지 선정을 하면 틀림없이 총사업비가 급증한다. 지형 조사는 이와 같은 계획 단계에서의 오류를 막는 역할을 한다. 사업의 예산 저감을 진지하게 고려한다면 우선 지형 조사를 성실히 수행하여야 한다.

참고문헌

1) 日本應用地質學會編 : 山地の地形工學, 古今書院 (2000)
2) 日本應用地質學會應用地形學研究小委員會編 : 應用地質セミナー 空中寫眞判讀演習, 古今書院 (2006)

세토瀬戸강의 퇴적암류의 노두.
지층이 아래 그림과 같이 습곡하고 있다.

알고 있는 것 같으면서 알지 못하는 단층

'단층'을 바르게 이해하기 위한 용어 해설

1. 유명한 것으로 오해받기 쉬운 단층

토목 현장에서 가장 빈번히 나오는 지질 용어 중 하나는 단층이 아닐까. 암반 강도의 저하, 고투수성, 구조물 안정성으로의 영향, 지진의 원인 등 다양한 분야에서 접하게 된다. 그렇지만 유명한 용어임에도 불구하고 가장 오해받기 쉽고 토목 현장을 혼란스럽게 하는 것도 단층이다.

혼란스럽게 만드는 이유는 첫째, 용어가 알기 어려워 지질 기술자와 토목 기술자가 공통의 인식을 갖기 어렵고 둘째, 단층이 단순한 외력에 의해 형성되는 것임에도 불구하고 상당히 복잡한 형태를 나타내기 때문이다.

단층은 많은 건설 현장에 나타나서 기술자로 하여금 고민스럽게 하는 지질 현상인 만큼 '전문가 기술'의 결집체이기도 하다. 단층에 관련된 많은 '전문가의 기술'을 이해하기 위해 여기에서는 단층에 관하여 오해하기 쉬운 점이나 기초적인 사항을 소개한다.

2. '단층'과 '파쇄대'는 어떻게 다른가

현장에서 지반 중에 면 모양의 열화부가 나타날 때 어떤 지질 기술자는 그것을 '단층'이라 부르고 다른 지질 기술자는 '파쇄대', 'shear zone', '균열을 따라서의 풍화'라고 하였다. 현장이 혼란스러워 하는 원인 중 하나에는 용어의 사용방법을 들 수 있다(표 2.3.1).

우선 용어를 정의해보자. 단층을 포함한 면 모양의 열화부는 대부분의 경우, 암석의 파괴에 의해 생긴 불연속면이다. 이 불연속면을 지질학에서는 '단열斷裂 fracture)'이라 총칭하고 있다. 이 '단열'은 '단층'과 '절리'의 두 가지로 구분된다. 두 가지의 차이는 '단층'이 불연속면을 경계로 하여 지층의 변위가 있는 것에 대해 '절리'에는 변위가 없다는 점이다.

표 2.3.1 단층과 유의어의 정의

용어	정의	비고
단층(fault)	불연속면에 따라서 변위가 있는 단열	불연속면에 따라서 지층 변위가 인정될 필요가 있음
파쇄대 (crush zone)	단층에 의해 파괴된 물질이 폭을 가지고 존재하고 있는 상태	본래 단층의 형태를 가리키는 용어이며 파쇄대 자체에 단층이라는 의미는 포함되지 않음
전단(shear), 전단대 (shear zone)	전단대는 전단에 의해 파괴된 물질이 폭을 가지고 분포하는 상태를 가리킴	shear는 본래 전단을 가리키는 용어
단열(균열) (fracture)	암석의 파괴에 의해서 생긴 불연속면의 총칭	
절리(joint)	단열 중 면을 따라서 변위가 없는 또는 대부분 인정되지 않는 단열	관용적으로 규칙적으로 분포하는 것을 가리킨다. seating zoint는 침식 등에 의함. 하중의 제거에 의해 생기는 절리를 가리키는 성인을 포함한 용어
틈(fissure, gash)	단열 중 면을 따라서의 변위는 없지만 면이 개구나 충전물이 있는 것	
크랙 (crack)	균열	소규모인 균열을 가리키는 경우가 많음. 관용적으로 크랙을 따라서 개구하고 있는 것을 개구 균열(open crack)이라 함

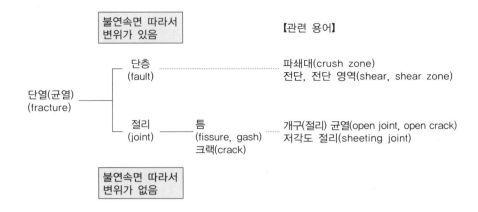

(1) '단층'과 '파쇄대'

'단층'일까 '파쇄대'일까라고 하는 것이 가장 혼란스러운 것일 수도 있다. '단층'은 구조 운동에 의해 지반이 파괴되는 현상이지만 면 모양으로 깨끗이 파괴된다고는 한정할 수 없고 면을 따라서 자갈 모양, 점토 모양, 조각 모양의 파쇄물이 생기는 것이 있다. 이 파쇄 물질이 일정 폭을 가지면 이것을 '파쇄대'라 부른다. 따라서 '파쇄대'는 본래 '단층'의 형태의 일부를 가리키는 용어다. 정확히는 '단층에 의해 생긴 파쇄대'라고 해야 하겠지만 길어서 사용하기 어려우므로 단순히 '단층 파쇄대' 또는 '파쇄대'라고 부르는 것이다. 더욱이 어느 정도의 폭이 있으면 '파쇄대'라고 할 것인가에 대한 명확한 규정은 없다. 1 cm라도 파쇄대라 부르는 경우도 있으며 수 m의 파쇄대를 수반하여도 '단층'이라 하는 경우도 있다. 따라서 해당 현장에서 어떻게 정의되어 있는 것인지를 누구나 알도록 하는 것이 중요하다.

'전단' 또는 '전단대'라는 용어도 있다. '전단'이란 'shear'를 가리키는 용어이며, 정확하게는 '전단 단열(shear fracture)' 등 '전단에 의해 형성된 불연속면'이라고 해야 한다. 그러나 전단에 의해 형성된 구조는 단순한 불연속면은 아니며 많은 불연속면이 규칙적으로 연속하는 등 독특한 형태를 나타나는 것이 많다. 이 때문에 전단에 의해 형성된 일련의 불연속면의 총칭으로서 'shear'(일정 폭이 있는 경우는 'shear zone')이라고 부르는 것이다. 'shear'는 성인을 포함한 용어다. 지질 기술자가 'shear'라 부른 경우에는 그 근거나 전단의 방향을 들어보면 좋다.

(2) '절리'와 '균열'

지층 등의 변위가 없는 불연속면은 '절리(joint)'라 부르지만 그 밖에도 '틈', '크랙' 등의 용어도 있다. 각각의 용어에 정의가 있지만 지질학자에 따라 미묘하게 정의가 다르다. 토목 지질에서는 변위가 없는 균열의 총칭으로서 '균열', '크랙'이라 부르는 경우가 많다. '절리'는 '균열' 중에서도 규칙적으로 분포하는 것을 가리키고 특히 화산암에 발달하는 규칙적인 균열에 이용하는 경우가 많다.

균열을 가리키는 용어 중에는 1.2절에서 등장한 'seating joint'나 'open crack' 등 특정 형태나 성상을 가리키는 용어도 있다. 'seating joint'는 응력 해방에 의해 형성된 지표면과 조화적으로 발달한 균열을 가리키는 성인을 포함한 용어이며 '개구 균열(open crack)'은 균열을 따라서 공극이 있는 상태를 가리킨다. 어느 쪽도 토목 현장에서는 문제가 되는 경우가 많기 때문에 대부분의 기술자가 알고 있는 용어일 것이다.

(3) '단층'인가 '균열'인가

용어를 둘러싼 문제는 '단층'과 '파쇄대'에 국한되지 않는다. 토목의 현장에서는 학술적인 용어만을 이용하여 설명하고자 하면 반대로 알기 어려워지는 것이 있다. 용어는 발주자나 현장의 기술자가 이해하여 연상하기 쉽도록 정의를 명확히 한 다음에 사용하면 좋다. 다만 특정 이미지를 가진 용어를 사용할 때에는 주의가 필요하다. 또 익숙해진 용어 중에는 오용하고 있는 경우도 적지 않다. 본래의 의미는 무엇인지, 형태만을 가리키는 용어인지, 성인을 포함한 용어인지, 때때로 확인해볼 필요가 있다.

동일한 면 모양의 열화부를 보고 있음에도 불구하고 기술자에 따라서 다른 이름으로 부르는(해석하는) 것은 용어의 오용이나 혼란만의 문제는 아니다. 노두나 굴삭면에서 관찰할 수 있는 지질 현상은 제한된 범위의 단편적인 정보에 지나지 않는다. 사암이나 이암 등의 지층의 변위를 확인할 수 있으면 단층이라 판단할 수 있지만 화강암 등에서는 변위를 판단할 수 있는 표시는 없기 때문에 판정은 어려운 것이 많다. 또 현재 관찰할 수 있는 지질 현상은 구조 운동이나 변질·풍화 등 지반이 받은 이력의 최종 형상이다. '단층에 의한 파쇄'도, '균열 밀집부의 풍화나 변질에 의한 열화'도 같은 것처럼 보여지는 것은 드물지 않다. 최종적인 판단은 단편적인 정보를 열심히 수집하여 지질 현상의 전체상을 파악하지 않으면 불가능하다. 노두나 굴삭면 등에서 '단층'인지 '균열'인지를 판단해야 하는 경우는 추측할 수 있는 지질 현상을 열거한 다음에 어떤 근거로 판단하였던가를 명확히 하는 것이 중요하다.

3. 단순한 구조 운동으로부터 생겨난 복잡한 지질 구조

일축압축시험의 파괴 후 공시체를 머릿속에 떠올려보자(사진 2.3.1). 가해진 외력은 매우 단순한 상하 방향의 압축력인 것에 반해 공시체에 생긴 균열 방향이나 형태는 다종다양할 것이다. 단층을 형성하는 구조 운동도 전체적으로는 단순한 경우가 많지만 형성되는 단층은 복잡한 형태를 보인다. 복잡한 형태를 보이는 주된 원인으로는 ① 지반 성상의 차이 또는 불균질성, ② 2차적인 응력장의 영향 등을 들 수 있다.

사진 2.3.1 파괴 후의 공시체

(1) 지반 성상의 차이 또는 불균질성

단층이란 외력에 의해 지반이 파괴되어 생기는 현상이다. 파괴의 형태나 성상은 지반 자체의 물성(경연硬軟이나 균열 등)이나 파괴 시의 환경(온도나 압력, 변형속도) 등 많은 요인이 복잡하게 관계되어 정해진다. 균질한 점토를 이용한 실내시험에서도 여러 가지 형태나 성상의 파괴가 생기기 때문에 복잡한 구조의 지반이라면 더욱더 그러하다.

단층은 전단에 의해 형성되지만 전단으로 형성되는 단열은 단층과 같은 명료한 불연속면만 있는 것은 아니다. 전단에 의해 여러 가지 계통(방향이나 성상)의 단열이 형성될 가능성이 있다(그림 2.3.1).

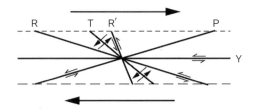

- Y(Y shear) : 전단대와 평행하게 발달하며 전단대를 대표한다.
- P(P shear) : R shear의 발달이 부족할 때, 발달하는 켤레(共役) 전단면
- T(T shear) : 인장 파단면
- R, R′(R shear) : 리델시어(riedel&shear)라 불리는 켤레(共役) 전단면

그림 2.3.1 전단에 의해 생기는 여러 가지 단열

안행雁行(echelon) 모양의 단층(또는 균열)이란, 면으로는 연속하고 있지 않으나 많은 단층이 일정 범위로 규칙적으로 배열하고 있는 것을 가리킨다. 지질기술자가 일직선으로 연속하고 있지 않음에도 불구하고 '안행雁行 모양의 단층'과 관계가 있는 것으로 생각하는 것은 동일 외력에 의해 형성된 것으로 판단하기 때문일 것이다.

또 주목해야 할 것은 전단에 의해 개구성 균열이 형성되는 것이다. 전단이라고 하면 갈아 으깨져 파쇄된다고 하는 인상이 강하지만 지반이 전단될 때에는 반드시 인장과 압축의 장이 형성된다(그림 2.3.2). 이 중 압축장에서는 압축방향으로 개구 균열이 형성되는 것이 있다. 압축장의 개구 균열은 지반이 견고하다면 단단할수록 생기기 쉽다. 입구가 단단한 휴대용 재떨이의 양쪽 끝을 누

르면 확 열리는 것과 같은 개념이다(사진 2.3.2). 이 전단에 따른 개구 균열은 토목 현장에서는 종종 문제를 일으키는 것이 있으므로 주의해야 한다.

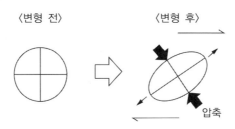

그림 2.3.2 전단에 의해 생기는 압축장

사진 2.3.2 입구가 단단한 타입의 휴대용 재떨이를 누르면 입구는 깨지지 않고 열린다.

(2) 이차원적인 응력장

전단에 의해 어떤 계통의 단열이 형성되는 지는 지반의 성상이나 응력조건 등에 의해 다르지만 어느 것이든 하나의 계통만이 형성되는 것은 드물다. 또 큰 하나의 전단에 의해 지반의 내부에서는 이차적인 소규모 응력장이 형성된다 (그림 2.3.2 참조). 이 때문에 단층의 둘레에는 단층에 관련된 소규모 단층이나 균열이 형성되는 것이 많다. 큰 단층을 찾아냈다고 하여 그것만을 주목해서는 안 된다. 큰 단층의 둘레에는 관련된 단층이 반드시 숨어 있다는 의미이다. 그리고 그 단층은 작더라도 문제를 일으키는 것이 있으므로 주의가 필요하다.

현장에서 관찰할 수 있는 단층은 모두가 단편적이다. 눈앞에 보이는 단층의 성상이나 연속성을 진실로 이해하기 위해서는 형성된 장을 고려하여 전체상을 이해하지 않으면 안 된다. 이것을 잊으면 현장에서 큰 실패를 하게 될 수 있음을 명심해야 한다.

참고문헌

1) 垣見俊弘, 加藤碩一 : 地質構造の解析−理論と実際−, 愛智出版, p.274 (1994)

보통 수단으로는 안 되는 단층의 성상과 형태

현장에서 마주치는 여러 가지 단층

1. 야외에서의 단층의 실태

단층이란 그 면을 경계로 지층이나 암석에 변위(어긋남)를 일으키는 현상 또는 그 면 자체를 가리킨다. 지층이나 암체에 어긋남을 일으킨다고 하는 것은 어떤 의미에서 물질의 파괴에 수반하여 어떤 외력하에서 지층이나 암체에 모인 변형을 해방하는 것이며 그 결과로서 파괴면을 따라서 지층이나 암체가 변위한다라는 것이다.

한마디로 단층이라고 해도 그 성상이나 형태는 다종다양하다. 단층의 성상은 파괴 시의 응력 상태와 구속압의 크기, 파괴된 물질의 물성에 의해서 지배되기 때문이다. 예를 들면 실험실에서 균질한 점토를 파괴하여도 조건이 약간이라도 다르면 다른 성상과 상태를 나타내므로 불균질한 지반이 파괴된 단층의 성상이나 상태가 단순할 리가 없다. 단층에 대해서 야외에서 관찰된 가장 흥미 깊은 현상은 파쇄 성상과 파괴면의 안행雁行 형태일 것이다.

(1) 단층은 천의 얼굴

파쇄 성상은 파괴된 물질의 취성에 지배된다. 조립粗粒이고 균열이 적은 괴상의 암반과 세립이고 균열이 많은 균열성 암반에서는 전혀 파쇄 성상이 다른 경우가 많다. 이것의 좋은 예가 화강암과 안산암 암맥을 절단하는 단층이다. 화강암은 조립인 괴상 암반, 안산암은 미세한 균열성 암반에 해당하지만 동일한 단층에서도 화강암에서는 폭은 좁지만 명료한 모래 모양의 파쇄대를 형성하는 것에 대해 균열성 암반에서는 폭이 넓은 조각 모양의 '변형대'를 형성하는 경향이 있다. 이것은 괴상 암반에서는 변형이 새로운 단층면에 집중하는 것에 대해 균열성 암반에서는 변형이 기존 균열을 따라서 분산하기 때문이다. 실 예를 그림 2.4.1에 보인다.

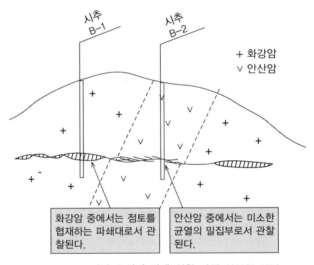

그림 2.4.1 암반 물성의 차에 의한 파쇄 성상의 차이

현재 관찰할 수 있는 지질 현상은 구조 운동이나 변질·풍화 등 지반이 받은 이력의 최종 형상이다. 단층도 그 후의 풍화나 열수변질의 영향을 받고 있는 경우가 많다. 특히 주의하여야 하는 것이 열수변질의 영향이다. 열수변질을 초래

하는 화산성의 열수나 가스가 지반 속의 어느 곳을 지나갈까, 역시 지나가기 쉬운 개소, 결국 단층 등의 취약부를 통과하기 쉬울 것이며, 이것은 풍화에서도 마찬가지다. 이 때문에 단층 파쇄부의 열화는 단층에 의한 물리적인 파쇄보다도 단층보다 이후의 열수변질(또는 풍화)에 의한 영향이 큰 경우가 많은 것을 알아야 한다.

이와 같이 동일한 단층이라도 파쇄 성상은 암종이나 단층 운동 후의 변질이나 풍화에 따라 전혀 다르게 보이는 경우가 있다. 시추 조사에서 단층을 마주쳤을 때 주위에 동일한 성상의 열화부가 없기 때문에 안이하게 단층이 연속하지 않을 거라는 결론을 내려서는 안 된다.

(2) 단층은 반드시 일직선으로 연속하지는 않는다

단층이라고 하면 끝없이 일직선으로 연속하는 이미지를 가지고 있을지도 모른다. 그러나 실제 단층은 안행雁行 모양으로 나타나는 것이 많다. 단층의 연속성을 해명하기 위해 추적 조사를 하면 어떤 장소에서 급히 방향을 바꾸는 경우가 있다. 단층이 다른 단층에 끌려서 방향을 바꾸는 경우도 있는데 그것은 대개 안행雁行에 의한 것이다. 안행雁行 모양의 단층은 잘 알려져 있는 중앙 구조선이나 캘리포니아의 샌안드레스 단층과 같은 큰 규모의 것으로부터 현미경 크기의 극소한 것까지 여러 가지 규모의 것이 있다.

안행雁行 모양의 단층은 종종 폭넓은 파쇄대를 수반하는 것이 있어서 이 파쇄대가 변질에 의해 열화하고 있으면 열화 폭이 대규모가 되는 것이 있다. 이와 같은 열화대는 구조물의 기초나 대규모 법면 등에서는 강도 부족이나 법면 변상 등을 일으키는 원인으로 되므로 주의가 필요하다.

그림 2.4.2는 화강암을 기초로 한 아치댐의 기초 암반 속에 볼 수 있는 고각도高角度의 소단층 구조인데 놀라운 안행雁行 구조와 파쇄, 변질 열화의 성상불연속이 관찰된다.

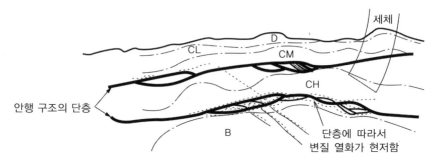

그림 2.4.2 화강암을 기초로 한 댐에서의 단층의 실태

(3) 안행雁行 모양의 단층은 성가신 것

안행雁行 모양의 단층은 파괴가 진행할 때의 파괴·변위면의 선단에 위치한다. 단층이 더 한층 크게 변위할 때에는 이 안행雁行부를 포락하는 것과 같은 폭넓은 변형대를 형성하여 전체가 큰 파쇄대가 된다. 안행雁行부가 그대로 잔존하고 있다고 하면 그 단층의 변위는 그다지 크지 않을 것으로 생각해도 좋지만 변위면 선단부에서의 응력집중에 의해 안행雁行부에서는 인장引張(tension) 또는 전장展張(wiring) 파괴가 발생하고 있는 것을 의미한다. 전단 파괴가 발생하고 있는 경우도 있으나 어쨌든 간에 안행雁行부에 균열이 많이 발생하고 있는 것은 틀림없다. 균열이 많아지면 이차적으로 열수변질이나 풍화 변질의 영향을 받기 쉽고 또 인장계의 파괴이면 공극이 생기기 쉬우므로 열수의 통행 물길로 되어 더한층 변질 등의 영향이 커지고 있을 가능성이 높다.

이와 같은 안행雁行부의 특성을 생각하면 예를 들어 댐 사이트를 하는 경우에는 단층의 존재에 유의하는 것은 물론, 단층이 어떠한 형태를 하고 있는 가에 주의해야 한다. 폭이 넓은 명료한 단층에는 주의를 기울이지만 하나하나의 단층의 규모가 작은 안행雁行 모양의 단층은 과소평가되기 십상이다. 안행雁行 모양의 단층이면 폭넓은 변질 열화대의 존재를 각오하여야 한다.

안행雁行부의 존재는 단층의 평면적인 연속성을 추적하면 쉽게 상상이 될 것이다. 단층은 결코 마음대로 휘지는 않는다. 단층의 구조(단층면의 주향 경사)

로부터 예측되는 위치와 실제의 단층의 위치가 다른 경우에는 안행雁行을 의심해야 하는 것이다(그림 2.4.3).

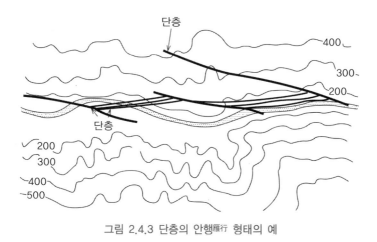

그림 2.4.3 단층의 안행雁行 형태의 예

2. 구조물과 단층

기초 지반(암반) 속에 단층이 존재하는 경우, 단층의 규모나 구조, 계획 구조물과의 관계에 의해 다양한 대응이 요구되는 경우가 있다.

구조물과의 관계에서 말하면 단층이 계획 구조물이나 굴삭 비탈면의 어느 부위에 위치하는지, 삼차원적으로 어떠한 연속을 하는지가 큰 문제이다. 왜냐하면 단층에 대한 구조물로부터의 작용 외력이 구조물과의 위치관계나 상대 구조에 의해 크게 다르기 때문이다.

예를 들면 중력식 콘크리트 댐에서의 하상부의 대규모 고각도 단층이나 저각도 단층, 아치 댐에서의 댐 접지부接地部 상하류 방향의 고각도 단층 등은 구조물의 안정상 큰 문제가 되기 때문에 신중히 검토할 필요가 있다.

공학적으로 단층의 안정성을 검토하는 경우에는 단층의 강도가 큰 문제가 된다. 단층의 안행雁行 현상은 안행雁行의 크기(면의 기복起伏)가 단층의 폭에 비해 충분히 클 때는 단층의 강도에 크게 영향을 받고 구속압이 충분히 클 때의 소규모 단층의 강도는 단층을 구성하는 재료 강도와 안행雁行의 크기에 지배된 부가강도의 합성함수인 것이 제시되어 있다.[1,2]

그림 2.4.4에 단층 강도산정식의 예를 나타낸다.

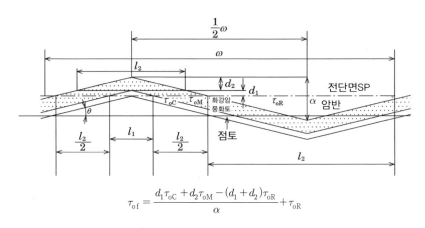

$$\tau_{of} = \frac{d_1 \tau_{oC} + d_2 \tau_{oM} - (d_1 + d_2)\tau_{oR}}{\alpha} + \tau_{oR}$$

- ω : 모델링된 단층면 요철의 주기
- α : 요철의 최대깊이
- d_1, d_2 : 단층재료의 두께
- τ_{oC}, τ_{oM} : 단층재료의 순전단강도
- τ_{oR} : 단층 주변 암반의 순전단강도
- l_1, l_2 : 가상 전단면에 차지하는 각 단층재료의 전단깊이
- θ : 단층면의 요철의 조도각
- τ_{of} : 단층의 순전단강도

그림 2.4.4 소단층의 강도산정식(Okuda E., 1993)

또 단층에 한하지 않고 균열 전반의 안행雁行부는 균열이 많은 것과 더불어 인장계의 균열이 많기 때문에 대개 투수성이 큰 경향이 있다. 파쇄대가 충분히 점토화하고 있는 경우는 오히려 투수성이 낮은 경우가 많으므로 단층 주변에서 투수성이 큰, 또는 각력 모양의 단층 파쇄부가 퍼져 있는 경우 등은 단층의 안행雁行 현상을 의심해 볼 필요가 있다.

3. 현장의 전문가(단층 편)

대규모 단층이 아니라도 소규모 균열이 구조물이나 굴삭 비탈면의 안정상 큰 문제가 되는 경우도 있다.

특히 비탈면의 배면에 있는 굴삭방향에 가까운 구조의 균열은 규모의 대소를 불문하고 비탈면 안정상 문제가 될 가능성을 내포하고 있다. 댐의 굴삭면 직하나 대규모 비탈면의 배후에 있는 경우는 소규모 균열로서도 붕괴를 일으키는 원흉이 될 수 있다. 현장의 기술자는 대개 대규모 단층에 정신을 빼앗기기 쉽지만 문제를 일으키는 것은 아무런 특색도 없는 소규모 균열인 것이다.

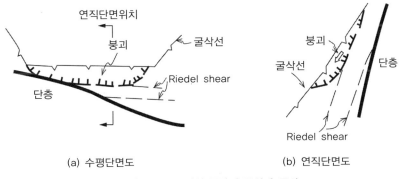

(a) 수평단면도   (b) 연직단면도

그림 2.4.5 굴삭선 근방의 균열에 주의

큰 단층의 근방에는 반드시라고 해도 좋을 정도로 같은 계통의 균열이나 이것에 약간 비스듬히 교차하는 전단면(riedel shear 등)이 분포하고 있는(그림 2.4.5) 대규모 단층을 찾아내면 주위에 소규모 균열이 있을 것으로 생각해야 한다. 특히 설계상의 굴삭선 근방에 대해서는 이와 같은 소규모 균열이 없는지를 사전에 확인해두어야 할 것이다.

형식적인 것만 알고 있어서는 현장에서는 통용되지 않는다. 많은 경험에 뒷받침된 대수롭지 않은 지혜가 현장에서는 매우 중요한 것이다. 본 서에서 소개된 지혜를 발판으로 현장에서 이모저모 생각하여 경험을 넓히면 좋을 것이다.

참고문헌

1) 奧田英治 : 断層強度の定量的評価に関する基礎的考察, 石井次郎教授追悼論文集, pp.101～107 (1993)

2) R. E. Goodman 著, 赤井浩一, 山本朏万, 大西有三共訳 : 不連續性岩盤の地質工學, 森北出版 (1978)

메란쥬는 정말로 귀찮은가

메란쥬를 둘러싼 오해와 메란쥬의 원지반 성상

1. 메란쥬란 무엇인가

 '원지반의 지질이 메란쥬*라서 고생하였다'든가, '그 현장은 메란쥬라서 성가신 것 같다'라는 소리를 자주 듣는다. '메란쥬의 원지반은 파쇄대가 많다', '메란쥬인 원지반의 암은 무르고 부드럽다' 등 설계나 시공이 어렵다는 이야기 뿐이다. 메란쥬라고 해도 감이 오지 않을 지도 모르지만 메란쥬를 기초 또는 대상으로 하는 댐이나 터널, 비탈면 대책공은 실은 의외로 많다.

 도대체 메란쥬란 무엇일까. 메란쥬란 하나의 암석이나 지층을 가리키는 명칭은 아니고 세립의 파단된 기질基質과 여러 가지 블록으로 이루어진 지층으로서 통상의 퇴적암처럼 연속하지는 않는다. 파단의 원인은 해저 산사태나 부가체付加体 형성 중에 구조 운동 등이 있었기 때문이라고 되어 있다. 메란쥬는 부가체에 특징적인 지질 구조이며 일본에 분포하는 메란쥬는 부가체 형성 중의 구조 운동에 의한 것이 많다. 이 때문에 '부가체＝메란쥬'로 오해하는 사람도

---

* 메란쥬(Melange) : 프랑스어로 '혼합한다'라는 뜻.

많은 듯하지만 지질을 전문으로 하고 있는 지질 기술자조차 바르게 이해하지 못하는 사람이 적지 않은 것은 아쉽다. 도대체 부가체와 메란쥬의 관계는 어떠한 것일까.

일본 열도의 위치는 몇억 년 이전의 오래된 시대로부터 거대한 대륙과 대양과의 골짜기에 있었다고 알려져 있다. 단순히 경계였던 것은 아니고 그곳은 해양의 플레이트가 대륙의 플레이트에 깊이 가라앉는 장소(해구海溝)였던 것으로 되어 있다. 해양 플레이트 구성물의 전부가 깊이 가라앉았다는 것은 아니고 표층의 퇴적물이 단단한 대륙 플레이트에 가로 막혀 그 가장자리에 눌려 버린 것이 부가체이다(그림 2.5.1). 이와 같은 지질 구조 모델을 발상하였던 미국의 윌리엄 코번(W.T. Coulbourn)은 대학의 식당에 있는 식기 반납용 벨트 컨베이어의 입구에 걸린 식기를 보고 생각했다고 하는 일화가 있다. 공사 현장에서 지면地面을 벗겨내듯이 불도저를 주행시킬 때에 블레이드에 붙은 토사가 부가체의 이미지라 말할 수 있을지도 모른다.

그림 2.5.1 메란쥬란 어떠한 것인가

현재의 일본 열도의 중생대(고제3기를 포함한다)보다 오래된 지층, 소위 '중·고생층'은 부가체가 아닌 지질체 쪽이 오히려 드물며 대부분은 부가체의 구성물이다. 일본에서 부가체가 아닌 오래된 지층은 석탄층이나 공룡의 뼈 화석이 나오는 것과 같은 중생계 정도이다. 한편, 육상에서 볼 수 있는 비교적 새로운 신제3기·제4기의 지층은 대부분이 부가체는 아니지만 보소房総반도나 미우라三浦반도의 신제3계에는 부가체에 해당하는 것도 있다. 실제로 지금도 태평양측의 해저에서는 부가체가 계속 형성되고 있다. 정말 성인만 생각하면 부가체의 지층, 더욱이 파단된 메란쥬는 '파쇄대가 많아 취약'할 것이다.

2. 두 장의 지질도

그림 2.5.2, 그림 2.5.3에 나타낸 두 장의 지질도는 굴삭면의 암반 스케치의 일부이다. 이 두 장의 지질도 중 메란쥬는 어느 쪽인지 분간할 수 있는가. 또는 두 장 모두 메란쥬의 원지반인지도 모른다.

그림 2.5.2는 고생층을 기초로 하는 A 지점의 것이다. 댐 축에 거의 평행하도록 상류로부터 사암층·이암층(점판암층)·챠트층이 분포하고 있다. 이암층에 따라 근소하게 현무암(녹색암)을 볼 수 있다. 또 A 지점에서는 암상 경계, 결국 사암층·챠트층과 이암층과의 경계에 파쇄대를 수반하고 있다. 파쇄대의 일부는 당초 취약하고 규모가 클 것으로 예상되었기 때문에 약층 처리가 검토되었으나 실제로 굴삭해보면 폭이 예상보다 작아 그럴 필요는 없었다.

한편 그림 2.5.3은 소위 중생층을 기초로 하는 B 지점의 기초 암반의 스케치이다. 어느 쪽이나 이암 내지 사암 이암 호층과 두꺼운 사암이 분포하고 있다. 또, 이암에는 얇은 응회암층이 개재하여 있다. B 지점에서는 두꺼운 사암층과 이암층과의 지층 경계에 파쇄대를 수반하고 이 밖에도 특정 방향을 가진 파쇄대를 볼 수 있다.

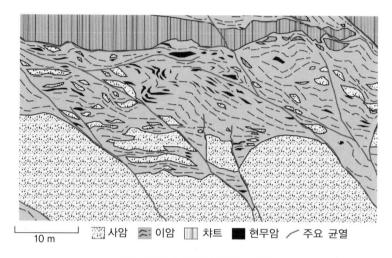

그림 2.5.2 A 지점의 암반 스케치

10 m　　⬚사암　≈이암　▦챠트　■현무암　／주요 균열

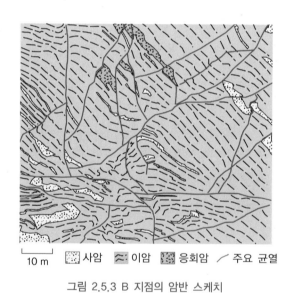

그림 2.5.3 B 지점의 암반 스케치

10 m　　⬚사암　≈이암　▨응회암　／주요 균열

　　파쇄대의 성상 등으로부터 상상하면 B 지점이 아무리 봐도 메란쥬 같지만 A
지점이 메란쥬가 되는 지질체이다. B 지점은 백악기의 퇴적물이지만 메란쥬는
아니다. 어느 쪽의 기초 암반도 굳고 단단하고 균열이 적은 화강암과 같은 댐과

비교하면 무조건 좋은 암반이라고는 할 수 없으나 구조물의 기초 암반으로서는 양호하고 큰 문제는 없었다. 단순히 메란쥬이기 때문에 그렇지 않은 원지반에 비해 취약하다고는 단정할 수 없는 것이다.

3. 메란쥬의 무엇이 문제인가

메란쥬의 지층이나 암석은 어떤 문제점을 가지고 있을까. 메란쥬에 관한 오해가 풀린 시점에서 다시 메란쥬의 토목 지질에서의 문제점을 정리하고자 한다.

토목 지질이란 토목 구조물의 설계나 시공 분야에 지질학의 지식을 유용하게 활용하는 것이 목적이다. 그 유용하게 활용하는 방법을 극단적으로 말하면 한정된 조사 자료로부터 '어디에', '무엇이' 분포할까를 예측하는 것으로 끝난다. 우선은 '어디에'를 예측하는 것에 메란쥬만큼 성가신 것은 없다. 그림 2.5.4를 살펴보자. 이암의 속에 현무암 용암과 화쇄암, 규질 응회암이 블록 모양으로 불규칙하게 분포하고 있다. 전면적인 노두라면 몰라도 시추와 단편적인 노두 정보뿐이기 때문에 이와 같은 지질도에 도달하는 것은 어렵다. '어디에'를 예측하는 것이 곤란하다는 것을 아시겠는지. 특히 이와 같은 장소에서는 암반의 파쇄도 진행하고 있는 것이 많고 전체적으로 균열질로서 이암이나 현무암 속에 파쇄대가 발달하기 쉽다.

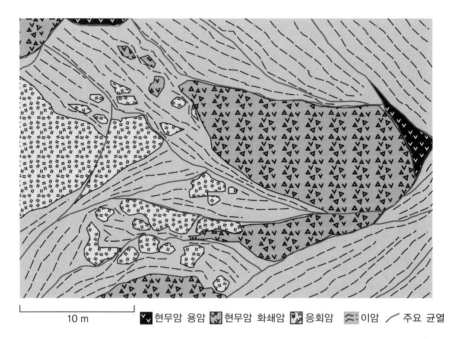

10 m ▇▇현무암 용암 ▇▇현무암 화쇄암 ▇▇응회암 ≈:이암 ╱ 주요 균열

그림 2.5.4 메란쥬의 암반 스케치

다음에 '무엇이' 분포하는 가를 예측하는 것에 대해서 생각한다. 극단적으로 말하면 암석이 '단단한'가 '부드러운'가이다. 메란쥬는 암편 자체가 경질인 경우가 많지만 잠재 균열이 발달하기 때문에 시험 강도는 겉보기 보다 작은 것이 많다. 또 파쇄대를 많이 수반하는 경우도 많다. 토목 지질에서의 메란쥬의 특성을 정리하면 다음과 같이 말할 수 있을 것이다.

메란쥬 원지반은 지질 구조가 복잡하고 균열이 많지만 파쇄대를 제외하고 경질인 암반을 구성한다. 어렵겠지만 파쇄대를 피하면 기초로서 지지력이나 전단강도는 충분히 크다. 한편 잠재적인 것도 포함한 균열이 많은 메란쥬의 특성은 터널이나 깎기와 같이 응력이나 하중을 제거하는 구조물에서는 힘의 균형의 재배분에 의해 문제를 일으키기 쉽다. 메란쥬가 아닌 원지반에서는 대체로 이와 반대라고 생각하면 된다.

4. '소재素材'와 '이력履歷'도

메란쥬란 어떤 것일지, 어떠한 문제점이 있는지를 이해하셨을까. '메란쥬인 원지반 때문에 문제'인 것은 아니다. '메란쥬의 원지반이 어떠한 암반 상황인가'가 문제인 것이다.

대륙에서는 고생대나 중생대의 오래된 지층이 정연하게 층상을 이루고 또 일본의 신생대 지질로 착각할 수 있는 부드러운 상태의 지층도 있다. 그러나 적어도 3억 년 정도는 변동대가 계속된 일본 열도에서는 형성될 당시의 암반이 그대로 남아 있는 것은 없다. 메란쥬 여부에 관계없이 지반은 여러 가지 이력을 받아 취약해지거나 반대로 강고해지는 경우도 있다. A 지점, B 지점의 예를 보아도 메란쥬 여부에 관계없이 비슷한 복잡한 지질 구조로 되어 있다. 오히려 나중에 가해진 이력에 의해 B 지점 쪽이 지층의 연속성이 나쁜 정도이다.

지질에 한하지 않고 무엇인가 새로운 개념이나 정보가 나타나면 본질을 충분히 이해하지 않고 일제히 매달려 버리는 것은 일본인의 국민성일지도 모른다. 그러나 눈앞에 있는 사상을 자주 관찰하여 이해하지 않은 상태에서 듣기 좋은 아주 새로운 개념에 무리하게 적용시키거나 선입관을 가진 채 대처하려고 하면 현장에서 괴로움을 겪게 될 것은 틀림없다.

원지반의 성상을 결정하는 것은 원지반의 지질적인 '소재'와 '이력'이다(2.1절 '암반의 성상을 결정하는 '소재'와 '이력' 참조). 메란쥬는 형성되었을 때부터 잠재 크랙이나 파쇄가 많아 취약한 암반으로 되기 쉬운 것은 틀림이 없다. 그러나 메란쥬가 아닌 경질인 지층이나 암석이라도 그 후의 습곡이나 단층이라고 하는 구조 운동으로 인해 메란쥬보다도 취약한 암반이 되는 경우도 있다.

편리한 개념이나 용어에 현혹되지 않고 '소재'와 '이력', 그 양쪽을 바르게 판단하여 그 현장의 지반 특성에 잘 대응하는 것이야말로 지질, 토목, 그리고 시공에 관계된 모든 기술자가 목표로 해야 할 도달점일 것이다.

Column 현장에서 지질을 판별하기 위해

토목 현장에서 '지질은 어렵다'라는 이야기를 자주 듣는다. 가장 어려운 것은 지질의 구분, 결국 지층이나 암석의 이름이라고 한다. 어떻게 하면 지질 기술자에게 의지하지 않아도 현장에서 지질의 구분을 할 수 있게 될 것인가. 암석의 도감圖鑑을 닥치는 대로 암기하면 알게 될 것이라고 생각하겠지만 반드시 그렇지는 않다. 지질의 구분이 어려운 가장 큰 이유는 도감에 실려 있는 것과 같은 것은 현장에서는 좀처럼 볼 수 없다는 데 있다.

예를 들면 안산암에 대해서 한 번은 보거나 들었던 적이 틀림없이 있을 것이다. 그러나 안산암만큼 사람에 따라 다른 인상을 주는 암석도 없다. 외관의 변화가 실로 다종다양하다. 도감에는 가장 전형적인 것, 반대로 학문적으로 가치가 높은 진기한 것, 또는 암석명의 유래가 되는 생산지의 유명한 것이 게재된 것이 많다. 그렇지만 돌의 샘플이나 도감의 사진만으로는 지층이나 암석을 진실로 이해할 수는 없다. 현장에서 지층이나 암석의 분포 상태를 관찰하여 그 돌이나 암반이 어떻게 형성된 것인가를 알아야 비로소 지질을 구분할 수 있다. 지질 전문가의 지도 아래 꾸준하게 많은 지층이나 암석을 보고 배우는 것이 올바른 답이지만 그러한 풍족한 환경에 있는 현장 기술자는 없을 테지만 그것에 가까워지는 것은 여러 방법을 통하여 가능하다.

현장의 지질을 아는 방법에는 문헌을 조사하거나 지방의 박물관을 방문하는 것이 있다. 인터넷 보급에 의해 많은 정보가 인터넷으로 간단히 열람할 수 있도록 되었다. 개략의 지질도이면 일본 전국을 망라하여 망으로서 열람할 수 있고 문헌도 키워드를 넣으면 쉽게 필자나 타이틀을 알 수 있다.

'지오파크'를 알고 있는가. 간단히 말하면 유적이나 자연을 대상으로 한 세계 유산의 지질판이라고 할 수 있을까. 아무리 상세해도 사진이나 샘플의 오더에서는 얻어지는 정보에는 제한이 있다. 그 암석의 분포나 성상, 전체상에 접하여 처음 아는 것도 많다. 과학적으로 중요하고 귀중, 또는 아름다운 노두 등이 있는 지오파크에서 실물의 지질 현상에 접하는 것은 현장의 지질을 이해하는 데 큰 도움이 될 것임에 틀림없다.

제3장 현장에서 유용한 지혜

대규모 장치나 고가의 기기에 의지하지 않아도 약간의 연구나 관점을 바꿈으로써 많은 지질 정보를 얻을 수 있다. 현장에서의 많은 경험이나 시행착오 속에서 고안된 전문가의 연구나 관점을 배우는 것만으로 체득되는 것도 아니고 반드시 동일한 것을 해야만 가능하다는 의미도 아니다. 소중한 것은 전문가의 연구나 시점에 접하여 흉내를 내면서 그 깊은 곳에 있는 창의나 사고방식을 이해하고 스스로의 경험을 더하여 독자의 기술이나 시점을 창출해내는 것에 있다.

지구의 반대편으로부터 순식간에 email이 도달하는 것과 같은 하이테크(high-tech) 시대이기는 하지만 놀랄 정도의 로테크(low-tech)가 활약하는 분야도 있다. 천연자원은 유한하지만 인간의 지혜는 무한하다. 본 장에서는 전문가의 창의연구나 사고방식을 소개한다.

현장에서 굴삭면의 지질이나 암반 상황을 관찰하는 지질 기술자

3.1

터널 막장을 입체적으로 보는 실체사진의 권유

나중에 유용한 현장사진과 스케치의 취급 방법

1. 막장은 정보의 보고

터널 막장의 스케치는 통상은 지보 패턴의 선정이나 터널 전방의 예측, 타당성의 뒷받침 자료를 만들기 위해 시행된다. 따라서 지보를 하고 복공을 하고 나면 좀처럼 되돌아볼 수 있는 것은 많지 않다. 막장으로부터 많은 유익한 정보를 얻을 수 있기 때문에 아깝다는 생각이 든다.

막장의 스케치 등 시공 시에 기록을 남겨 두면 나중에 무슨 일이 있었을 때, 예를 들면 히빙(heaving)이나 복공 균열 등의 변상이 생긴 경우, 원인을 검토할 때 유용하다. 또 고속도로나 철도의 기존 터널에 근접하여 신설 터널을 설계하거나 시공하고자 할 때에 참고자료가 된다.

2. 유용한 막장의 스케치란

그러나 막상 시공 시의 막장 관찰기록과 막장 사진을 꺼내어 검토하여 보아도 중요한 것을 알 수 없는 것이 많다. 알 수 있는 것은 원지반이 좋았든가, 나

빠든가 정도이다. 동일한 지보 패턴, 예를 들면 지보 패턴 C II로 시공되어 있어도 댐의 암반 구분에서 말하면 CH급으로부터 CL급까지인 것이 실태이다.

스케치의 지질명이 적절하지 않거나, 경계가 제대로 그려져 있지 않은 정도의 미비점이라면 그런대로 어떻게든 된다. 이 정도의 문제라면 다른 지질 자료나 사진에서도 짐작을 할 수 있다. 첫 번째 문제는 '막장이 입체적으로 관찰되어 있지 않은 것'에 있다. 지질 경계 같은 것이 관찰되고 있거나 단층으로 볼 수 있는 파쇄대가 기재되어 있어도 그 연장 방향인 주향·경사가 기입되어 있는 것은 좀처럼 없다. 그 때문에 스케치로부터 터널 주변의 지질 구조를 입체적으로 재현할 수 없는 것이다. 그렇다면 단층이 노두에서 관찰되는 것의 연장인지, 지질 경계는 틀림없이 그곳에 있는 것인지 검증하는 것은 불가능하다.

댐 사업에서 굴삭되는 터널 중에는 그 주변의 지질 구조를 명확히 하여 두지 않으면 안 되는 경우가 있다. 예를 들면 댐 현장의 임시배수 터널이라면 댐 완성 후의 담수 시에 필요한 플러그 위치의 암반 상황을 기록하는 것뿐만 아니라 플러그를 우회하여 누수가 발생하는 물길이 없는지 검토하여야 한다. 댐의 기초 암반에 지금까지 파악하지 못했던 단층이 없는지에 대한 확인도 필요하다. 그러기 위해 지질 기술자가 터널 막장의 관찰을 하는 경우가 많다.

지질 기술자가 막장 스케치를 하면 그림 3.1.1과 같이 관찰된 단층, 절리 등은 성상의 기재와 더불어 반드시 주향·경사를 나타내는 기호를 기입한다. 이것이 있으면 터널 주변의 지질 구조를 입체적으로 파악하여 그림 3.1.2에 나타낸 단면도를 필요에 따라서 작성할 수 있다.

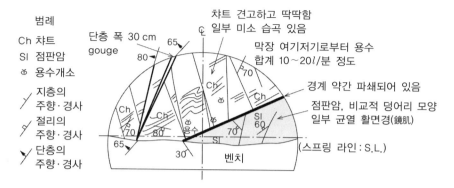

범례

Ch 챠트
Sl 점판암
⛥ 용수개소

⟋ 지층의
　주향·경사

⟋ 절리의
　주향·경사

⤲ 단층의
　주향·경사

챠트 견고하고 딱딱함
일부 미소 습곡 있음

막장 여기저기로부터 용수
합계 10~20ℓ/분 정도

경계 약간 파쇄되어 있음

점판암, 비교적 덩어리 모양
일부 균열 활면경(鏡肌)

(스프링 라인 : S.L.)

* 활면경(鏡肌) : 단층 운동에 따른 마찰에 의해서 단층에 인접한 암석의 양면에 생긴 거울과 같이
빛나는 매끄러운 표면

(a) 막장 스케치 그림

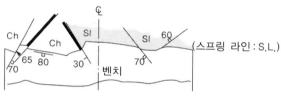

막장 스케치의 주향·경사는
수평면에 투영주향을 나타내
는 선분이 수평단면도에 기
입된 것과 평행한 것에 주의

(스프링 라인 : S.L.)

(b) 수평단면도

그림 3.1.1 막장 스케치의 예

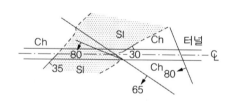

(a) 수평 지질단면도

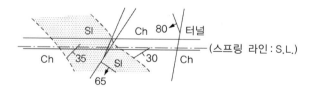

(b) 터널에 연한 지질단면도

그림 3.1.2 막장 스케치로부터 작성된 지질단면도

3. 막장의 스케치 요령

일반적으로 견학 등의 행사에 참가자로서 터널에 안내된 경우는 막장 작업을 중단하고 막장까지의 통로도 안전하게 정비되어 터널 막장의 암반을 직접 만지거나 해머로 두드릴 수는 없어도 관찰을 위한 시간이 충분히 확보된다.

그러나 건설공사의 일환으로서 지질 기술자가 막장 스케치를 할 때에는 공사 공정 관계 때문에 충분한 작업시간이 확보된다고는 할 수 없다. 대개 지보의 건입이 끝나고 다음 착공이 시작된 정도의 타이밍에서 막장에 들어가 요란한 유압 점보의 옆에서 막장을 들여다보게 된다. 무심코 있노라면 장약 준비도 시작한다. 그런 장소에 오래 머물러 있지 못하고 겨우 5분 정도에 관찰을 끝내게 된다.

그러나 충분한 시간이 없기 때문이라고 해서 유압 점보의 한쪽으로부터만 막장을 보고 스케치를 끝내서는 안 된다. 막장은 방향에 따라 잘 보이는 절리와 보이지 않는 절리가 있다. 따라서 반드시 양쪽에서 관찰하도록 유의하지 않으면 안 된다. 효율적으로 하려면 다음과 같은 순서로 시행하면 좋다.

① 안전통로 측으로부터 측벽을 따라서 막장에 접근하여 막장전체를 바라볼 수 있으면 우선 전체의 구조를 보고 그곳에서 보이는 절리나 단층의 방향을 머리에 넣는다. 이때 스케치를 그리기 시작하면 아마추어이다. 숙달된 지질 기술자이면 모두 파악하고 나서 그리기 시작한다. 막장을 두드려 보고 싶으면 측벽을 따라 앞으로 나가면 좋다. 적당한 버력을 주워 주머니에 넣는다.

② 다음에 유압 점보의 뒤 측을 충분히 안전을 확보하고 지나가서 반대 측의 측벽을 따라서 진행하여 막장을 관찰한다. 대부분 반대 측에서는 보이지 않았던 단층이나 절리가 보일 것이다. 이곳에서 막장의 지질 구조를 이해할 수 있으므로 재빠르게 스케치한다. 이쪽으로부터 알기 어려운 절리 등의 주향·경사는 뒤로 미루어도 좋다.

③ 다시 반대 측으로 돌아가 스케치와 막장을 비교하여 빠뜨린 것은 없는지 확인한다. 여기에서 반대 측으로부터는 기입하지 못했던 주향·경사를 기입한다.

지표의 노두에서 단층 등의 주향·경사를 기록할 때에는 클리노미터(또는 클리노 컴파스)*로 각도를 측정하지만 쇳덩이 같은 점보의 옆에서는 자석은 효과가 없고 여유 있게 측정하고 있을 시간도 없다. 그 경우는 주향·경사는 터널의 굴진방향을 기준으로 목측으로 기입한다. 그래도 기록이 있는 것과 없는 것은 완전히 다르다.

4. 막장을 입체적으로 기록하기 위해

지질 기술자가 관찰할 수 없어도 막장의 입체적인 구조를 기록하려고 하는 경우는 막장의 실체사진**이 유용하다(사진 3.1.1). 터널 현장에서는 일상적으로 막장 사진을 촬영하고 있다. 그때 그저 약간의 수고를 들이는 것만으로 실체사진이 완성된다. 누구라도 손쉽게 촬영할 수 있으므로 많이 사용되었으면 한다.

---

* 클리노미터 : 비탈면, 지층, 단층 등, 면 구조의 자세(주향·경사)를 측정하기 위한 도구. 일반적으로는 면 구조의 방위(주향)를 측정하기 위한 방위자침(컴파스) 부분과 면 구조의 기울기의 정도(경사)를 측정하기 위한 경사계를 조합시킨 구조를 갖춘 휴대형이 보급해 있다. 종래형의 클리노미터는 측정 때마다 측정결과를 야장이나 지도에 기입하여 둘 필요가 있었으나 최근에는 전자 메모리에 측정결과를 간단히 기록할 수 있거나, GPS 기능이 부가된 디지털식의 클리노미터도 판매되고 있다.

** 실체사진 : 좌우 양쪽 눈의 시차에 의해 목적물을 두 장의 사진으로부터 대상물을 입체시하는 것. 한때 주간지 등에서 유행한 입체적으로 보이는 사진.

사진 3.1.1 실체사진의 예 '이 정도'에서도 입체적으로 보인다.

정면에 서서 카메라의 시야에 막장 전체가 들어가도록 사진을 촬영하는 것까지는 통상의 사진 촬영과 동일하지만 그 후 막장에 평행하게 크게 가로로 한 걸음, 1 m 정도 이동해서 또 한 장 촬영한다. 이것이 전부다(그림 3.1.3).

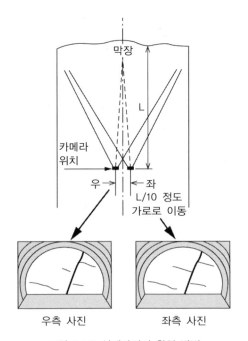

그림 3.1.3 실체사진의 촬영 방법

실체사진이라고 하면 항공사진들을 연상하여 카메라를 평행하게 이동시키지 않으면 안 된다고 생각하는 사람도 있지만 그럴 필요는 없다. 보통 막장을 시야에 넣어 촬영하면 충분하다. 다만 이때 줌을 작동하여 렌즈의 초점 거리를 바꾸어서는 안 된다. 또 앞뒤로 이동하는 것도 좋지 않다. 카메라의 중심이 상하로 이동하는 것도 좋지 않으므로 화면의 중심을 같게 하여 촬영하면 좋다.

터널 막장에 한정하지 않고 실체사진을 촬영하는 경우에 가로 방향으로의 이동거리는 촬영 대상까지 거리의 10분의 1이 기준이 된다. 이것은 기억해두면 여러모로 유용하다. 필름 카메라로 이야기하면 35 mm의 필름에 초점 거리 28 mm 정도의 광각으로, 폭 10 m당의 막장을 촬영하려고 하면 막장의 10 m 정도 앞에 서게 된다. 따라서 가로 방향으로의 이동거리는 1 m 정도로 충분하다. 어느 쪽으로 하여도 엄밀히 거리를 측정해줄 필요는 없고 '이 정도'로 해도 제대로 실체시할 수 있기 때문에 신기하다(사진 3.1.1).

사진은 2L 사이즈 정도로 확대하여 항공사진과 동일하도록 실체경을 사용하여 관찰하면 좋다. 단층이나 절리의 방향성뿐만 아니라 암반의 질감 등도 느껴져 암편의 경도나 암반 상황도 판단할 수 있다. 따라서 지질 기술자가 관찰하면 터널 주변의 지질 구조를 입체적으로 짜맞추는 것도 용이하다.

첫 번째의 문제는 시공현장에 실체경*이 없어 현장의 토목 기술자에게 실체사진의 위력을 실감할 수 없는 것이다. 아무리 말을 해도 어떤 식으로 보일지 본 적도 없는 실체사진을 이유도 모르는 채 잊지 않고 찍어두기는 매우 어렵다.

막장의 사진은 한 장 여분 있게 준비하여 실체사진에 활용하고 현장에는 실체경을 준비하는 것만으로 막장으로부터 좀 더 유용한 정보를 얻을 수 있다. 반드시 시도해 보기를 바란다.

---

* 실체경 : 실체사진을 누구라도 간단히 입체적으로 볼 수 있는 장치. 간단한 것은 4~5만 원 정도에 구입할 수 있다.

단순하지 않은 하상 사력의 구조

하상 재료의 이용은 퇴적 환경으로부터 매듭 풀기

1. 하상 재료 이용의 현상

댐 등의 대규모 구조물의 건설에서 제체 재료로서 댐 현장 근방에 분포하는 하상 재료를 이용하는 경우가 있다. 저수지 내의 하상 재료를 이용할 수 있다면 공사비를 절감할 뿐만 아니라 저수 용량을 증가시킬 수 있다. 또 원석산과 같이 깎기 비탈면이 생기지 않기 때문에 환경에도 부하가 적다.

최근 준공된 제체적 50만 m^3 이상의 중력식 콘크리트 댐 10개 지점의 조사에 의하면, 10댐 중 3댐에서는 하상 재료를 골재로서 이용하여 그 비용은 원석산을 이용한 다른 7댐의 원석산 비용에 비해 약 70% 정도에 그치고 있어 하상 재료의 유효성이 시사되고 있다. 한편 일본의 콘크리트 표준 시방서(댐 편)는 2002년 3월의 개정에서 성능 규정의 사고가 포함되는 등, 저품질 골재의 유효 이용을 후원하는 흐름이 강해지고 있다. 지금까지의 기준에서는 골재로서는 부적합하였던 재료도, 배합을 연구하여 콘크리트 시험에 의한 확인을 함으로써 하상 재료를 적극적으로 사용하려는 경향이 있다. 또 예전에는 하상 재료를 이용하는 경우에는 파쇄 설비를 통하는 것이 많았지만 최근에는 하상 재료의 자연 입도로부터 골재의 배합 입경을 설정하여 등급 분류·세척 공정만으로 사용하는 경우도 나왔다.

하상 재료에 대해서는 지금까지는 댐 현장이나 원석산과 같은 기반의 지질체에 비해 하상 퇴적물의 지질 구조는 단순하다는 믿음으로부터 조사 수량이 적고 간단히 해석을 마치는 것이 많았다. 그러나 하상 재료의 이용이 향후 증가할 것으로 생각되므로 지금부터는 엄밀한 부존량이나 재료 특성의 파악이 요구될 것이다. 댐 등의 콘크리트 골재용 원석 채취지를 염두에 두고, 하상 재료를 원입도로서 사용하는 경우를 예상하여 지형·지질학적인 고찰 방법 및 주의점에 대해서 기술한다.

2. 하상 재료란

하상 재료라고 하는 단어로부터 어떠한 재료를 상상할까. 원래 하상 재료란 무엇을 가리키고 있는 것인가.

하상 재료라고 하면 캠핑이나 여행을 갔을 때 강변에서 가끔 볼 수 있는 현재 하상의 퇴적물이 머리에 떠오를 것임에 틀림없다. 크고 작은 여러 가지 둥근 돌을 포함하여 보송보송한 모래로 이루어져 있고, 돌은 단단하여 좀처럼 깨지지 않는다. 이 정도 이야기를 들으면 콘크리트 재료로서 상당히 우수할 것이라고 생각하지만 재료라고 하는 것은 상당량이 한군데 모여서 존재하지 않으면 경제성이나 시공성 측면에서 우위성이 없어져 버린다. 양질의 자갈이 대량으로 강변에 두껍고 넓게 분포하는 하천은 일본에서는 쿠로베黑部강, 텐류우天竜강, 오이大井川강 등의 급류 대하천에 한정되어 있다. 또 저수지 예정지 내라고 하지만 현재 하상으로부터 재료를 채취할 때에는 탁수의 발생 등의 문제가 있어 담수 전에 하상 재료를 채취하기 위해서는 충분한 환경 면의 배려가 필요하다. 따라서 하상 재료라고 하면 하천의 양안에 넓은 단구 퇴적물이 재료 채취의 대상으로 된다고 해도 좋다.

단구段丘 퇴적물이란 오랜 시대의 하천의 퇴적물이다. 단구면段丘面은 그 시대의 하상의 위치를 나타내고 있으며 현재 하상보다도 훨씬 높은 위치에 있거나 몇 단에 걸쳐서 남아 있는 경우도 있다. 현재 하상에 가깝고 낮은 쪽으로부터 저위低位 단구, 중위中位 단구, 고위高位 단구로 구분하는데 콘크리트 골재로서 향후 주목해야 할 것은 저위 단구일 것이다.

저위 단구란 홍적세 말기인 1만 년부터 수천 년 전에 형성된 것으로서 현재의 하상으로부터 기껏해야 수 m 정도 높은 위치에 분포한다. 현재는 논 등으로 이용되고 있는 것이 많고 주택지로 되어 있는 것도 있다. 저위 단구의 퇴적물은 중위 단구나 고위 단구의 퇴적물과 비교하여 상대적으로 신선하고 풍화의 영향이 적기 때문에 자갈이 단단하고 실트나 점토의 세립 물질 함유량이 적은 경향에 있다. 또 시공 측면에서도 육상 굴삭이 가능하며 현재 하상 퇴적물에 비해 채취 효율도 높고 중위 단구나 고위 단구에 비해 고도차가 적으며 운반거리가 짧은 것이 매력적이다.

이하 콘크리트 골재로서 유망하다고 생각되는 저위 단구 퇴적물을 대상으로 이야기를 진행하자.

3. 단구段丘 퇴적물의 개요

(1) 형성 메커니즘

단구 퇴적물은 옛날의 하상 퇴적물이 수면으로 떠오른 것이며 그 형성 자리는 현재 하천의 형상으로부터 읽어낼 수 있다. 지형학에서는 하천을 따라서의 사면을 공격攻擊사면, 활주滑走사면이라 부른다(그림 3.2.1). 공격사면은 하도河道의 굴곡에 의해 유향流向이 부딪히는 사면이며 활주滑走사면은 공격사면의 반대 안岸에 있는 유향에 연한 또는 유향으로부터 떨어진 비탈면이다. 그림 3.2.1에 개념도를 보자.

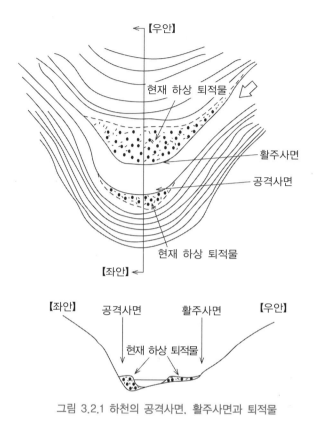

그림 3.2.1 하천의 공격사면, 활주사면과 퇴적물

공격사면부에서는 유속이 빠르기 때문에 하천저부가 깊게 깎여져 비탈면에 닿는 수류가 한 번에 감소하기 때문에 큰 자갈이 체류하기 쉽다. 퇴적 범위는 그다지 넓지 않다. 큰 자갈이 많지만 홍수 때마다 구성 재료는 갱신되기 때문에 균질한 재료 분포로는 되기 어렵다.

한편 활주사면부에서는 하도河道 주부主部의 고속 흐름으로 부터 벗어나기 때문에 유속이 늦은 바깥 측(하안 측)으로 향하여 자갈의 첨부가 시작된다. 그리고 홍수마다 첨부되기 때문에 상하류 방향에서는 거의 균질한 재료 구성으로 되는 것이 많다.

(2) 구성 물질

단구 퇴적물은 원래 산체山体로부터 무너져 떨어진 암덩이가 하천에 의해서 운반되고 그 도중 단계에서 약한 부분이 연마되어 단단한 부분만 남은 것이 많다. 따라서 기본적으로는 먼 곳으로부터 운반된 암석일수록 자갈은 둥글다.

단구 퇴적물은 유역에 분포하는 암석이 그 근원이며 유역 내의 지질 조건을 반영하고 있다. 유역 내가 한 종류의 암석으로 이루어진 것은 드물며 통상은 여러 종류의 암석이 상류에서 하류로 향하여 분포 범위를 나누거나 혹은 좌우안에 접하여 분포한다. 그 때문에 대상으로 하는 저위 단구 퇴적물에 함유하는 자갈은 많은 종류의 암석으로 구성되며 암석의 경도, 균열이 생긴 방법의 차이와 공급원으로부터의 거리에 따라서 여러 가지 형상을 취한다.

그림 3.2.2는 어느 유역의 입도별 자갈 종류 구성을 나타낸 것이다. 입경이 커짐에 따라 화강암의 비율이 증가하고 화강반암이나 유문암이 감소하는 경향을 읽을 수 있다. 화강암과 같은 균질하고 굳고 단단한 암석은 미세해지기 어려운 것을 나타내는 흥미 있는 자료이다.

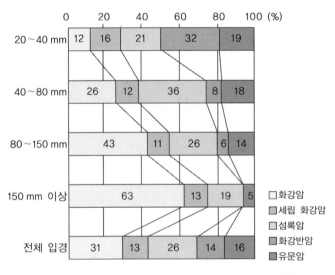

그림 3.2.2 단구 퇴적물에 포함된 자갈의 입경과 자갈 종류의 예

(3) 구성 물질의 불균질성

단구 퇴적물의 특징으로서 구성물의 불균질성을 들 수 있다. 두께 수 m의 자갈층 자체는 장소와 조건에 따라 한 번의 홍수로 쉽게 만들어지는 것이 있다. 하도 내에 퇴적된 자갈층은 끊임없이 홍수 시에 갱신되어 유하 이동을 반복하는 것이다. 그때에는 근방에서 발생된 붕괴나 토석류 등의 퇴적물이 피복 또는 혼재하는 경우도 있다. 여하튼 퇴적·갱신이 반복되어 도려내어져 매몰된 구하도나 모래층, 얇게 퇴적한 실트층 등이 옛날의 홍수·출수의 증거로서 남겨진다. 이윽고 수면으로 떠올라 하천에 의한 난폭한 취급으로부터 피하여 단구 퇴적물의 내용물은 거의 그대로의 상태로서 남지만 다음의 단계로서 이차적인 변화의 장소에 노출되게 된다. 결국 표층으로부터는 풍화의 진행과 토양분의 형성이 진행하여 세립분이 차츰 증가해 가는 것이다. 가끔 발생하는 대홍수 시에는 침수하여 단구 퇴적물 내의 입도 구성의 재배치가 생기는 것도 있다.

평온한 평탄면으로서 우리의 눈에 비치는 단구 퇴적물도 그 형성에는 몹시 사나운 하천에 농락된 괴로운 과거를 가지는 것이다.

(4) 품질의 불균질성

단구 퇴적물의 또 하나의 특징으로서 품질의 불균질성이 있다. 다양한 암석이 혼재하기 때문이다. 특히 응회질의 암석(안산암질 또는 유문암질의 응회암이나 응회 각력암)에서는 큰 입경의 자갈에서는 문제가 없는 경우에도 입경이 작은 것에서는 풍화에 의한 열화가 진행하여 잠재 균열이 생겨 품질 면(특히 동결 융해 작용에 대한 저항성)에서 문제가 되는 경우가 있으므로 주의가 필요하다. 또 이암이나 응회질의 암석에서는 연석량軟石量 시험에서 모두 불합격되는 것이 있다.

연석량 시험이란 골재로서의 품질을 확인하기 위해 조사 초기 단계에서 실시하는 것이다. 이 시험은 황동으로 만든 봉으로 암석의 표면을 일정한 힘으로 문질러 상처가 나면 불합격, 상처가 나지 않으면 합격으로 하는 시험이며 중량

(%)으로 평가를 한다. 이 시험은 골재로서 혼입하면 품질이 저하되는 암석량비岩石量比를 알기 위해 중대한 지표가 되는 것이지만 단구 퇴적물을 대상으로 한 연석량 시험에서는 이암이나 응회질의 암석에서 규정값 5% 이하인 것에 대해 30%, 40% 이상의 높은 값이 나오는 것이 있다. 비중은 규정을 만족하고 흡수율도 작으며 일축압축강도도 큰데 왜 그럴까. 그 이유는 단구 퇴적물은 수면으로 떠오르고 나서 수천 년이 경과하기 때문에 자갈의 둘레가 산화 오염하는 등 표면에 얇은 연질층이 형성된 결과라고 생각된다. 기준 값을 엄밀하게 적용하면 불합격이기 때문에 아쉽기는 하지만 실제로는 사용할 수 없었던 사례도 있다.

연석량 시험은 본래 표면의 경도를 측정함으로써 암석 전체를 평가하는 방법이지만 부차적으로 콘크리트와의 부착력이 저하하여 유해한 변상이 생길 수 있는 연질인 층의 유무를 암덩이 표면으로부터 예견하려는 목적도 있다. 따라서 황동 봉으로서 쉽게 상처가 나는 암석을 콘크리트에 섞어도 좋을까라고 하는 의문은 당연하지만 골재로서 사용 가능 여부의 판단은 비중, 흡수 등의 물리 시험 결과 등을 기반으로 종합적으로 진행해야 할 것이다.

(5) 건설 재료로서의 취급 방법

댐 등의 대규모 구조물을 건설하는 경우, 건설 재료 채취지를 선정함에 있어서 중요한 것은 충분한 양을 안정적으로 공급할 수 있어야 하며 품질이 확보되어 있어야 하는 것이다. 원석산은 사전의 조사·시험에 의해 부존량을 정확히 산출하여 여유 있는 채취 형상으로 굴삭을 진행하기 때문에 물량을 확보하여 안정 공급하는 점에서의 문제는 적다. 품질에 대해서도 파쇄를 전제로 하기 때문에 사전에 시행한 시험 등에서 품질이 나쁜 재료 입경을 알았다고 해도 파쇄 공정을 추가하는 등 대책을 강구함으로써 품질을 확보하는 것이 가능하다.

한편 하상 재료로서는 단구 퇴적물을 대상으로 하는 경우에는 위에서 기술한 바와 같이 재료 구성이나 암석의 품질이 불균질할 가능성이 높으므로 재료 채취 적지로서 선정하기에는 상당한 여유량을 확보하여 안정된 공급을 약속받지 않으면 안 된다. 단구 퇴적물 분포 지역은 일반적으로 표층에 실트나 경작토 등이 피복하고 더욱이 자갈층이라 하더라도 세립분을 많이 함유하는 것이 있기 때문에 채취량은 필요량의 2배 이상은 확보하여 둘 필요가 있다. 바람직한 방법은 한꺼번에 충분히 넓은 범위를 설정하여 채취 장소로부터 채취하는 것이지만, 그와 같은 장소가 아무 현장에나 있는 것은 아니다. 결국 하상 재료를 채취하는 경우에는 충분한 양을 확보할 수 있는 것이 전제이지만 상정된 입경 분포와 다르거나 품질 확보에 어려움이 있는 것을 알았던 시점에서, 다음의 장소로 이동하여 채취할 수 있는 여지가 있는 것이 조건이 된다. 구체적으로는 댐 사이트로부터 상류 측으로 향하여 필요량의 배 이상을 확보할 수 있도록 후보지를 선정하여 확장해나가는 방법이 고려된다.

4. 부존량 산출의 어려움

단구 퇴적물이 채취지로서 결정된 후는 구체적인 부존량(존재하는 양)을 산출하여야 한다. 원석산이라면 필요한 입도분포로 만들기 위해 채취되어 온 암덩이를 파쇄하여 필요한 입경으로 만들어야 되지만, 단구 퇴적물의 경우는 채취된 시점에서 사력이기 때문에 그대로 사용해도 좋을 것 같은 착각에 빠지기 쉽다. 그러나 단구 퇴적물은 입도분포가 극단적이고 원하는 입경의 재료가 전혀 없거나 또는 특정의 입도에 분포가 집중하기 때문에 폐기가 많아져서 원석산보다도 효율이 나쁜 경우도 있으므로 주의가 필요하다.

품질과 시공 면에서 유리해도 필요량을 확보할 수 없다던가, 폐기가 많다던가 해서는 단구 퇴적물을 사용할 수 없다. 따라서 단구 퇴적물을 채취지로 하는 경우에는 조사의 초기 단계에서 입도분포를 알기 위해 현장입도시험(현장 체 가름)을 하는 것이 중요하다.

하상 사력의 경우, 종종 사람 머리 크기 이상의 큰 자갈을 포함하는 것은 드물지 않지만 큰 자갈을 현지에서 엄밀하게 계측하는 것은 중요하다. 그러나 큰 자갈은 중량(%)에 크게 기여하기 때문에 정확한 입도분포를 알기 위해서는 중량의 계측을 빠뜨릴 수 없다. 간이한 계측 방법으로서 입도시험 시료 채취 개소의 벽면의 스케치로부터 구한 큰 자갈의 면적이나 골라낸 큰 자갈의 자갈 직경을 계측하여 상정된 밀도를 곱하여 중량을 구하는 방법이 있다. 그러나 이 방법으로도 자갈의 체적이나 밀도를 추정하는 것이기 때문에 실제의 중량(%)에 비해 큰 오차가 생길 가능성이 높다.

그림 3.2.3은 1 m가 넘는 대입경 재료를 많이 포함한 단구 퇴적물의 사례이다. 그림 3.2.3의 선 A는 큰 자갈의 중량을 직접 계측하지 않고 벽면의 스케치로서 중량(%)을 보정한 입도곡선, 선 B가 큰 자갈을 파쇄기로서 작게 깨어 실제 중량을 계측한 입도분포이다. 선 A의 보정은 상당히 주의하여 시행한 셈이지만 실제의 전입도시험 결과와는 많은 차이가 있는 것을 알았다. 당초 선 A의 입도곡선으로부터 하상 재료 전량의 60%가 5~300 mm의 범위의 재료는 35% 밖에 없는 것이 판명되어 파쇄하지 않으면 필요한 입도분포가 되지 않게 되었다. 단구 퇴적물 사용의 가부는 입도에 따라 결정된다는 것을 명심해야 한다.

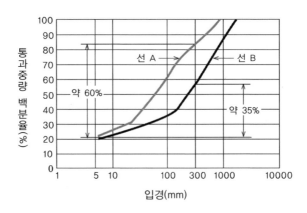

그림 3.2.3 단구 퇴적물의 전입도시험 결과와 통상 현장입도시험 결과의 차이

5. 하상 재료 적지를 찾자!

그림 3.2.4는 어느 댐 지점의 단구 퇴적물의 분포를 모식적으로 나타낸 것이다. 위치관계는 고려하지 않는 것으로 하고 과연 A 지점으로부터 D 지점 중에서 어느 곳이 하상 재료 채취지로서 적합할 것인가. 필요량은 각각 단독의 지점에서 만족하고 있었으므로 품질이 승부수가 된다. 언뜻 보기에는 C 지점 근처가 면적도 약간 넓어 유리한 것처럼 보이지만 ……. 실제로 굴삭하여 보고 알았던 답은 다음과 같다.

A 지점 : 4개의 지점 중에서 가장 우수하다. 재료의 입경은 밸런스가 좋고 자갈의 풍화는 약하며 경질이었다. 또 표층의 실트층이 얇아 사력을 많이 채취할 수 있었다. A 지점이 가장 우수한 원인으로서 A 지점이 활주사면에 해당하고 하천 측으로 자연 제방을 만들고 나서 발달하였기 때문에 월류에 의한 세립분의 혼입이 적었기 때문으로 생각된다.

B 지점 : 4개의 지점 중 3번째였다. 재료 입경의 밸런스는 좋았으나 표층에 두꺼운 실트층이 있어 제품 비율이 낮았다. 자갈층 부에도 세립분이 많이 혼입해 있었다. B 지점의 품질이 나빴던 원인으로서 B 지점의 일부가 공격사면에 해당하고 홍수 시는 침수하는 환경에 있었기 때문으로 생각된다.

C 지점 : 4개의 지점 중에서 가장 나빴다. 재료의 채취층 자체가 얇고 게다가 세립분이 많이 혼입하여 있고 또 자갈 자체도 열화가 확인되어 부존량, 품질 모두 나빴다. C 지점에는 유입하는 세 가지 지천이 있으므로 끊임없이 유수에 의해 세립분이 부가되어 온 것, 배후의 산체가 커서 정기적으로 토석류가 발생하고 단구 퇴적물을 교반하여 온 것이 가장 나빴던 원인으로 생각된다.

D 지점 : 4개의 지점 중 2번째로 우수하다. 재료 입경의 밸런스는 제각기 다른 모양이었으나 필요한 품질을 만족하는 재료가 주체였다. 또 표

층의 세립분은 대부분 없었다. D 지점이 2번째로 우수하였던 이유
는 산체 근방에 붕괴지가 있어 끊임없이 암덩이의 공급을 받고 있
는 것 때문이라고 생각된다.

어떤가. 반드시 단구 퇴적물을 채취하는 모든 경우에 들어맞는다고 할 수 없
지만 실제 채취지를 선정할 때에 참고가 되면 좋겠다.

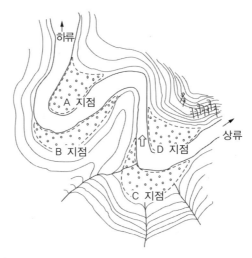

그림 3.2.4 하상 재료 채취 후보지의 예

6. 정확한 입경을 파악하자

하상 재료는 어렵다. 이것이 실제 느낌이다. 그 이유의 하나로 사전 조사 시
의 제약이 심한 것을 들 수 있다. 단구 퇴적물의 조사는 주택이나 경작지로서
토지가 이용되고 있는 한, 가장 유효한 트렌치 굴삭을 하는 조사 등은 무리이므
로 탄성파 탐사 등의 간접적인 조사만으로 어려운 판단을 강요받는 경우가 많
다. 앞서 기술한 바와 같이 하상 재료로서의 적부는 입도분포에 의하지만 탄성
파 탐사나 시추 조사에서 알 수 있는 것은 단구 퇴적물의 두께와 함유한 자갈의
대략의 양과 품질 정도이다. 정말로 필요한 정보는 건설 단계에 들어가 채취가

시작되고 나서 얻어진다고 해도 과언은 아니다. 대상으로 하는 단구 퇴적물이 광범위하게 분포하고 있으면 다소 안심은 되겠지만 제한된 범위가 대상인 경우는 기도하는 심정이다.

하상 재료 조사를 어렵게 하는 또 하나의 이유에는 불균질성이 있다. 지질 기술자는 지표 답사를 비롯한 충실한 조사를 거듭하여 구성 암석의 특징이나 지질 구조로부터 상당한 정밀도로 지질을 해명하는 것이다. 그래서 전제로 되고 있는 것은 지질 현상의 연속성에 대한 신뢰이다. 약간의 시추 데이터밖에 없어도 2점간을 이을 때에 어떻게 연결될 것인가를 지질 현상의 이모저모를 머릿속에 떠올리면서 심사숙고를 거듭하여 시행착오를 한다. 그렇지만 하상 재료는 5 m 이상 떨어지면 지질(토질)이 급변한다. 게다가 요구하는 정밀도는 엄격함에도 불구하고 정보는 적다. 결국, 현지에 가서 예전의 하천의 유향이나 하천 폭을 상상하면서 지질 상태를 추정하는 것이다. 이미 확인하고 있는 듯한 '허세'는 통용되지 않는 엄격한 세계이다.

여기에서는 중력식 콘크리트 댐에서 사용하는 골재로서 하상 재료를 원입도로 사용하는 경우를 상정하여 기술하여 왔으나 전량 또는 일부에서 파쇄를 하는 경우, 또는 최근 신공법으로서 사례가 증가하고 있는 중인 CSG 공법*에서도 하상 재료에 대한 기본 자세는 같을 것으로 생각된다. 지형·지질 상황으로부터 얼마나 정확히 입도분포를 파악할지가 포인트이다. 하상 재료 조사는 지질 기술자의 실력발휘 기회이다.

참고문헌

1) 財團法人日本ダム協會ホームページ
http://wwwsoc.nii.ac.jp/jdf/Dambinran/binran/Jiten/Jiten_01.html#CSG)

---

* CSG 공법 : Cemented Sand and Gravel의 약자. 하상 사력이나 굴삭 버력 등, 댐 사이트의 근처에서 용이하게 입수할 수 있는 암석 재료로 시멘트, 물을 첨가하여 간이한 반죽에 의해 제조된 시멘트계의 재료. 콘크리트에 비해 강도가 작지만 조건이 갖추어지면 경제성, 환경 보전 등의 면에서 우수하다고 알려져 있다.[1]

3.3

암반등급 구분을 둘러싼 여러 문제 1

경계선을 어디에 그릴까

1. 아날로그와 디지털

지반을 공학적 요소로 구분하는 것을 암반등급 구분*(암반 분류)이라 한다. 공학적인 요소는 어떠한 것이라도 좋지만 암반의 전단강도나 탄성계수와 관련 짓는 구분이 친숙할 것이다. 전단강도에 영향을 미칠 것으로 생각되는 암편의 경연이나 균열 간격, 균열의 성상 등을 토대로 시추 코어나 굴삭면을 구분하여 그것을 토대로 암반등급 구분도(평면도, 단면도 등)를 작성하는 것이다.

캐드(CAD)의 보급에 의해 암반등급 구분의 경계선이 지금까지의 손으로 그린(또는 트레이스 한) 도면보다 명료해지고 암반등급별로 고르게 도색할 수 있게 되었다. 도면은 보기 편해졌지만 지나치게 깨끗하여 어쩌다가 실제 원지반

---

* 암반등급 구분 : 댐 기초 암반의 경우, 통상 암반의 강도적 성질에 의해 4~6계급 정도로 분류한다. 분류된 계급의 명칭(암반등급)은 4계급의 경우 일본에서는 D급, CL급, CM급, CH급으로 하는 것이 일반적이다. 각 등급의 암반 강도는 댐규모나 형식을 고려하여 댐별로 설정한다. D급이 가장 나쁜 암반이고 CL급, CM급의 순으로 좋은 암반이 되지만 'D급은 댐 기초로서 부적당', 'CM급 이상이 댐 기초로서 충분한 암반'이라고 하는 기준으로 분류 기준을 작성하는 기술자가 많을 것이다.

에도 경계선이 그어져 있어 착색한 것과 같이 명료하게 구분되어 있는 것처럼 믿어 버리는 사람이 있지는 않을까 걱정되는 경우도 있다.

　실제 지반은 훨씬 복잡하고 점차 변화한다. 전체를 조망하면 '풍화에 강한 암반과 신선한 암반', '균열이 많은 암반과 균열이 적은 암반'이 있는 것 정도는 쉽게 알지만 그 경계가 어디인지 명확히 선을 긋는 것은 매우 어렵다. 자연상태의 원지반은 조금씩 성상이 변화되고 있기 때문이다. 암반등급 구분은 어디까지나 지질 기술자가 일반적인 암반등급 구분을 토대로 하여 조사 개소의 지질 특성이나 스스로의 경험을 바탕으로 하여 설정된 기준을 사용하여 구분하고 있는 것에 지나지 않는다. 또 암반등급 구분의 기준을 작성하면 그 중간은 존재해선 안 된다. 자연의 원지반은 아날로그, 암반등급 구분은 0 아니면 1인 디지털이라고도 바꾸어 말할 수 있다. '아날로그를 디지털로서 구분한다', 그곳에 기술자의 고뇌와 현장에서의 문제의 원인이 숨겨져 있다.

2. 암반등급 경계선이 가지는 의미

　어느 현장에서 설계대로 기초 굴삭을 하였으나 예상보다도 나쁜 암반이 나타났다. 예상으로는 굴삭면 전면에 CM급 암반이 분포할 예정이었으나 풍화하여 균열이 많은 CL급 암반이 널리 분포하고 있었다. 설계도를 재검토한 결과, CL급 암반과 CM급 암반의 경계선 한계점에 굴삭선이 그어져 있었다. 지금까지의 얘기대로라면 합리적이고 잘못이 없는 설계로 생각되지만 실은 그곳에 큰 함정이 있었다.

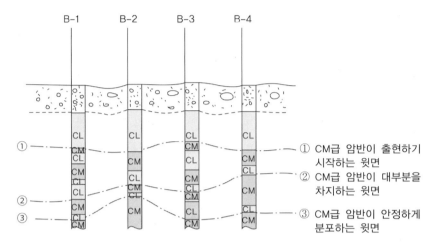

그림 3.3.1 복수의 시추로부터 암반등급 구분을 하는 예(CL급 암반과 CM급 암반의 경계 부근. 양쪽의 암반이 혼재하여 분포하는 영역이 있다. 이 경우 어디에 CL급 암반과 CM급 암반의 경계를 긋고, 어디에 기초 굴삭선을 설정해야 할까.)

조사 시의 시추 코어를 재검토한 바, 단면도상의 CL급 암반과 CM급 암반의 경계선 부근에서는 양자의 암반이 세밀하게 번갈아 분포하면서 변화하고 있는 것을 알았다(그림 3.3.1). 결국, 경계선 부근의 암반 성상은 점차 변화하고 있어 '여기부터가 전부 CM급 암반'이라는 명료한 구분을 할 수 없었던 것이다. 어디에 암반등급 구분의 선을 그을까는 어느 시대에서도 어느 현장에서도 고민거리이다. 그림 3.3.1의 경우, 당신이라면 어디에 경계선을 긋고 어디에 굴삭선을 설정할까. 암반등급 경계선을 긋는 방법에는 최소한 다음의 세 가지가 있다.

① CM급 암반이 출현하기 시작하는 개소
② CM급을 주체로 하는(비율이 높아지는) 개소
③ 대부분 CM급으로 되는 개소

③이 바른 해법인 것처럼 생각할지도 모르지만 ②를 선택한 기술자가 많지 않을까.

또 단층 등의 명확한 근거가 없는 한, 시추공의 사이는 매끈한 암반등급 경계선을 긋는 경우가 많다(그림 3.3.2). 시추공의 배치 간격은 댐 등의 정밀한 조사를 하는 경우에도 겨우 20 m 정도이다. 그 사이의 암반등급 경계선의 상세한 요철까지는 알 수 없기 때문이다.

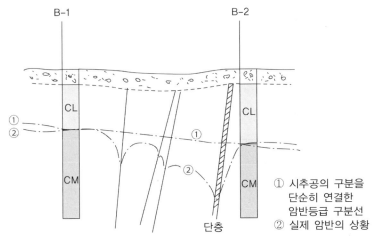

그림 3.3.2 시추공 사이의 암반선의 예(공과 공의 사이의 지질은 일정하다고 할 수 없다.)

이 현장의 경우, 임시 굴삭면 위로부터 새로이 조사 시추를 하여 CM급 암반의 분포를 파악한 다음에 추가 굴삭을 하였다. CL급 부분을 깊이 1 m 정도까지 굴삭 제거한 바, 암반 상황이 급변하여 양호해졌기 때문에 대폭적인 설계 변경을 하는 등 심각한 문제에는 이르지 않아도 되었다. 지질 기술자가 CL급과 CM급의 경계를 어떠한 사상으로서 그었는지가 설계 기술자에게 잘 전달되어 있지 않았던 것이 원인의 하나로 생각되지만 '굴삭량을 조금이라도 줄이기 위해 암반등급 경계선을 재검토하거나 굴삭선을 한계까지 올린 것 같다'라는 것을 뒷날 들었다. 헛수고를 줄이려는 노력은 당연하지만 그 원지반의 성상을 알지 못하고 책상에서만 정하여 버리는 것은 대단히 위험한 것임을 명심해야 한다.

암반등급 경계선이 어떠한 사상에서 그어져 있을까. 설계 기술자는 지질 기술자와 정확히 제휴를 하여 충분히 이해하는 것이 중요하다. 설계 기술자는 시추 주상도가 그려져 있는 암반등급 구분도는 정보량이 지나치게 많기 때문에 암반등급 경계선이 들어 있는 정도의 암반등급 구분도 또는 암반등급 등급선도(contour map)를 사용하여 설계하는 경우가 많을 것이다. 그러나 설계 시에는 항상 시추 주상도에 그려져 있는 상세한 암반등급 구분으로서 암반등급 경계선의 의미를 확인하면서 작업을 진행하기 바란다. 물론 경계선을 그은 지질 기술자와 함께 시추 코어나 횡갱을 관찰하고 암반등급 경계선의 의미에 대해서 공통 인식을 가질 수 있도록 의견을 교환하는 것이 최고 좋은 방법이라는 것은 말할 필요도 없다.

3. 결단을 내리지 못할 때 조감하는, 전형적인 것을 찾는, 늘어놓아 본다

'지질은 프랙탈(fractal)적인 것'*이다. 앞서 기술한 단면도의 크기에서 판단을 내리지 못하는 경우는 개개의 시추 코어의 판단에도 당연히 일어날 수 있다. 시추 코어를 관찰하는 경우, 어떻게 암반등급을 평가할지 결단을 내리지 못하는 경우가 있을 것이다. 'CM급만큼 좋지는 않으나 CL급만큼은 나쁘지 않다', 연속적으로 변화하는 것에 선을 긋는 것이니까 어쩔 수 없겠지만(사진 3.3.1) 결단을 내리지 못하고 있는 경우에 추천하는 것이 다음의 방법이다.

① 관찰을 시작하기 전에 1공 전체(굴삭면이면 전면)를 조감하여 성상이 바뀌고 있는 곳의 대략적인 단서를 붙여 둔다.

---

* 지질은 프랙탈(fractal)적인 것 : 지질 현상 중에는 엄밀한 기하학적인 의미에서의 프랙탈하지는 않지만 어느 영역을 끄집어낸 경우에, 전체적으로 유사한 것이 있다. 즉 프랙탈이란 작은 구조가 전체 구조와 비슷한 형태로 끝없이 되풀이되는 구조를 말한다.

② 전체를 조감하여 각 암반등급의 전형적인 개소를 찾아 둔다. 판단을 내리지 못하고 있다면 한 차례 각각의 전형적인 개소로 가서 그곳으로부터 결단을 내리지 못하고 있는 개소까지 관찰하면서 되돌아온다.

③ 각 암반등급에 설정되어 있는 물성 값이나 역할을 상기하여 그것을 만족하고 있는지를 생각한다. 예를 들면 전단강도 $15.3\,kN/m^2(150\,tf/m^2)$이 상정되어 있는 암반등급의 경우, 그 강도가 나올 것인지, 계획한 구조물의 기초로 적당한지 여부 등이다.

④ 코어 상자를 1상자씩 관찰·기재하지 말고 반드시 하나의 시추공의 전체 코어 상자를 나란히 두고 관찰한다. 펼칠 장소가 없는 경우나, 조사 중에 도중 단계까지 관찰할 필요가 있을 때에도 최종적으로는 반드시 전부 나란히 두고 확인을 한다. 코어 상자 1상자만을 보고 있으면 아무리 주의를 기울인다고 해도 그 공이나 코어 상자 내에서의 암반의 우열만을 보기 쉽다. 그 당시는 옳다고 생각해도 반드시 편차가 생긴다.

⑤ 자기 혼자 판단이 서지 않는 경우는 다른 기술자에게 의견을 구하여 본다. 결정을 내리지 못하고 망설일 때는 근시안적으로 되어 객관적인 판단을 할 수 없게 된다. 시원스럽게 포기하고 빨리 점심을 먹거나 휴식을 취하며 멀리 경치를 바라보는 등 기분 전환이 필요한 때도 있다.

⑥ 주상도의 기재 사항은 지질, 색조, 암편의 경연, 균열 간격, 풍화, 암반등급 구분 등 많이 있다. 처음부터 모든 항목을 한번에 관찰·기술하는 것은 아니며 지질이면 지질만, 암반등급이면 암반등급만 시추공 입구로부터 시추공 저부까지 기술해나간다. 몇 번이나 왕복하는 가운데 눈에 익숙해져 관찰·기재 누락이 없어질 뿐만 아니라 처음 구분에서는 이상하다고 생각된 부분도 수정할 수 있다.

⑦ 사무소로 돌아가 코어의 관찰 결과로부터 단면도를 그릴 때에도 전체의 코어 사진을 나란히 두고 본다. 공별로 암반 평가에는 편차가 없는지 항상 확인한다.

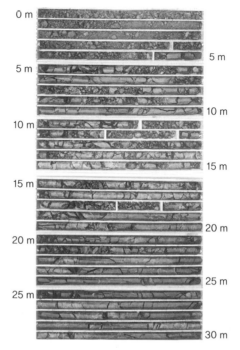

사진 3.3.1 어디에 긋나? CL, CM 경계(시추 코어의 예)

4. 어차피 인간이 하는 것

그런데 복수의 현장을 동시에 조사하고 있는 경우, 예를 들면 댐 높이 100 m인 댐 현장을 평가한 다음 날에 댐 높이 30 m인 댐의 암반 평가가 엄격하게 된 경우는 없는가. 동일한 CM급에서도 현장이 다르면 계획하고 있는 댐의 형식 등에 의해 설정되는 암반 강도도 다르기 때문에 암편의 경연이나 균열의 간격 등의 구분 기준도 변하게 된다. 그 상태로 단면도를 그리면 댐 높이 30 m의 댐의 CM급 암반의 상면이 그곳만 묘하게 깊어지고 있어 '왜 그럴까' 고개를 갸우뚱하게 된다.

동일한 현장에서도 복수의 기술자가 코어를 관찰하면 암반등급 구분의 차이는 일어날 수 있다. 한 사람의 기술자가 전부를 본다고 해도 코어의 관찰 시기가 다르면 미묘하게 차이가 생기는 것도 있다. 극단적인 말로 지질 기술자가 관찰할 수 있는 시기나 그날의 몸 컨디션에 따라서 바뀌는 것도 있을지 모른다. 아무리 엄밀한 구분의 기준을 만들어도 관찰자는 어차피 인간이라는 것을 잊어서는 안 된다. 암반등급 구분을 하기 전에는 항상 암반 분류 기준이나 전형적인 코어의 부분을 확인해두는 것이 필요할 것이다.

이것과는 별도로 조사의 초기 단계와 끝날 무렵에서 암반등급 평가에 차이가 생기는 것이 있다. 이것은 조사가 진행됨에 따라 그 현장에서의 여러 가지 조사나 시험 결과가 축적되어 암반에 대한 지식이 깊어지기 때문에 일어나는 당연한 현상이다. 암반등급 구분의 기준 자체가 바뀌는 것도 있다. 이 경우 '차이'는 아니고 '변화' 또는 정보의 축적에 의한 개선이라고 해야 할 것이다. 지질해석 업무에서는 '왜 몇 번이나 동일한 코어의 재검토를 하는 것인가'라고 자주 듣는 경우가 있다. 다른 회사나 동일한 회사에서도 복수의 기술자가 관찰하는 경우는 물론, 조사의 진척에 의해서도 코어의 견해·평가는 변화한다. 몇 번 재검토하여도 지나치게 재검토하는 것은 아니다.

내업을 할 때면 도면만을 보게 되기 마련이다. '우연히 이곳만 암반 열화가 깊은 것이다' 등으로 주장하여 막상 현장에서 코어를 늘어놓아 보면 암반열화가 깊은 곳 따위는 없었다는 부끄러운 생각이 들지 않도록 조심해야 하는 것이다. 또 '이 업무는 시추공 1본뿐이었으므로 도면도 그곳만 수정하면 충분하다'라고 생각하면 틀림없이 큰 창피를 당하게 된다. 우선 다른 시추와의 정합성을 확인한 다음에 전체의 지질 상황을 조감하면서 수정한다. 간단하다고 생각되는 업무에도 주의를 기울여야 한다.

터키 엘마네크의 산사태.
아래 사진은 산사태에 의한 찰과흔擦過痕(사람이
서 있는 부근에서 볼 수 있는 세로 방향의 조선條線)
찰과흔의 방향이 산사태의 운동 방향을 나타냄

암반등급 구분을 둘러싼 여러 문제 2

현장에서 사용하는 암반등급 구분이란

1. 암반등급 구분을 둘러싼 불만

암반 분류란 지반을 공학적인 요소로서 분류하는 것으로서 대상으로 하는 구조물에 따라 다양한 종류가 있다. 예를 들면 댐 등의 내하성耐荷性을 중시하는 분류, 지하발전소 등에서는 변형성에 착안하는 분류, 지수止水 구조물에서는 투수성을 중시하는 분류 등이 있으며 터널 등에서는 시공(굴삭 시의 지보 패턴)을 가미한 분류도 있다. 또 콘크리트 골재로서의 적부에 착안한 분류도 널리 이용되고 있다. 친숙한 것은 시공을 가미한 터널의 암반등급 구분이나, 전단 강도에 착안한 댐의 암반등급 구분이 아닐까.

암반등급 구분은 조사로부터 설계, 시공까지 업무 사이클 중에서 장기에 걸쳐 이용되는 중요한 아이템이지만 토목 기술자로부터 '암반등급 구분을 잘 모른다', 또는 '현장에서 사용하기 어렵다'고 하는 불만이나 질책을 받는 것이 있다. 특히 시공 현장에서는 많은 기술자가 작업에 관계되기 때문에 '알기 어려운', '사용하기 어려운' 암반등급 구분은 원할한 시공을 저해하는 요인이 될 수도 있다.

지질 기술자는 방대한 조사 자료로부터 고생하여 만들어낸 암반등급 구분의 기준만큼은 많은 기술자들이 이해하고 사용해주기를 바란다. 머리 한구석에 '좀 더 연구해주었으면' 하는 생각이 떠오르기도 하지만 사용하기 좋지 않은 암반등급 구분이 눈에 띄는 것도 사실이다.

그러면 필자가 생각하는 현장에서 '알기 쉬운', '사용하기 쉬운' 암반등급 구분이란 어떠한 것일까.

2. 현장에서 사용하지 않는 암반등급 구분이란

암반등급 구분이란 차차 옮겨가며 조금씩 변화하는 불균질한 자연 원지반의 성상을 여러 종류로 구분하는 것이다. 조금씩 변화하는 것에 명료한 경계를 긋는 것은 매우 어렵다. '아날로그'인 자연 원지반을 '디지털'로 구분하는 것이기 때문에 다소의 '알기 어려움'이나 '사용하기 어려움'이 생기는 것은 본질적으로 어쩔 수 없는 것일 것이다. 그러나 확실히 현장에서 '알기 어려운', '사용하기 어려운' 암반등급 구분이 존재한다. 필자가 생각하는 현장에서 '알기 어려운', '사용하기 어려운' 암반등급 구분의 예를 들면 다음과 같다.

① 구분이 지나치게 세밀하다.
② 구분을 정하는 요소가 지나치게 많다.
③ 물성치만으로 규정되어 있다.

(1) 세밀한 암반등급 구분의 공과 허물

구분이 세밀하다면 세밀하게 구분되어 있는 쪽이 복잡한 자연의 원지반의 특징을 상세하게 피악할 수 있으며 또 굴삭량을 적게 하는 등 합리적인 설계에 연결되는 것도 있으므로 그런 의미에서는 유용하다고 할 수 있다. 예를 들면, 일본의 댐에서는 CH, CM, CL, D급의 4가지 정도로 구분되는 것이 많다. 각각의 암반등급에 전단강도가 부여되지만 CM급을 $15.3\ kN/m^2(150\ tf/m^2)$, CL

급을 $5.1\,\text{kN/m}^2(50\,\text{tf/m}^2)$이라 정의하면 그 중간은 존재하지 않게 되어 CL급 암반에서 소요의 전단강도를 만족할 수 없다고 판단하면 CM급까지 굴삭하지 않으면 안 된다. 그래서 전단강도 $10.2\,\text{kN/m}^2(100\,\text{tf/m}^2)$의 CML급이나 CLH 급이라고 하는 암반등급 구분을 설정하면 불필요한 굴삭이 경감되는 경우도 있다(그림 3.4.1). 이 경우 최초의 CM급과 CL급의 강도 설정에 문제가 없는 것은 아니지만 중간 구분을 만드는 것의 의의는 있다.

그러나 이것이 CL급을 두 가지로, CM급을 세 가지로 세분했다고 하면 어떻 겠는가. 전단강도 $5.1\sim15.3\,\text{kN/m}^2(50\sim150\,\text{tf/m}^2)$의 사이에 5가지의 암반 등급, 과연 굴삭면에서 5가지의 암반등급 경계를 명확히 그을 수 있을까. 조사 단계로부터 줄곧 동일한 지질 기술자가 암반 관찰을 하여 왔다면 구분할 수 있 을 지도 모르지만 많은 기술자가 관련된 시공 현장에서 미묘한 차이를 식별하 는 것은 어렵다. 지나침은 모자람만 못할지도 모른다.

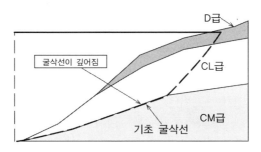

(a) CL급과 CM급의 전단강도 차가 큰 경우

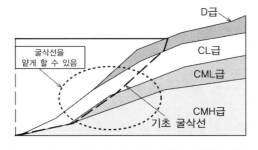

(b) CL급과 CM급 사이에 중간 구분을 설정한 경우

그림 3.4.1 중간의 암반등급 구분을 설정함으로써 굴삭량이 적어진 예

(2) 구분을 정하는 요소가 지나치게 많다

암반등급 구분을 결정할 때에는 암편의 경연이나 균열 간격, 풍화의 정도라고 하는 세細구분부의 요소를 조합시켜 종합적으로 판정하는 것이 일반적이다. CH급 암반을 '암편이 비교적 경질이고, 균열이 적은 암반'이라고 하는 문자만의 표현은 아니라 '암편에 경연 : A(해머의 타격으로 날카로운 금속음을 발함)', '균열 간격 : II(10~30 cm 정도)'라고 하는 객관적인 기준도 있었던 쪽이 판별하기 쉽다.

그러나 암반등급을 판정하는 주요한 세부 구분의 요소 수가 많아지면 오히려 알기 어려워지는 경우가 있다. 3종류, 4종류로 늘리면 세부 구분의 조합표 없이는 구분을 할 수 없게 되기 때문이다. 아주 옛날 프로야구에서는 배터리의 사인의 교환에 난수표가 사용되고 있었다. 글러브에 붙어 있었던 표를 보면 좋겠지만 사인의 교환에 시간이 걸리는 데다 잘못해 안타를 맞는 경우도 상당히 있었다고 한다. 누구라도 기억할 수 있는 것은 두 가지의 항목의 조합에 '이 조합의 경우는 주의를 요한다'를 더한 정도는 아닐까. 순식간에 보고, 대체로 어떠한 암반등급인가 추측이 가지 않는 분류 기준은 사용하기 어렵다고 생각하는 편이 좋다.

(3) 물성 값만으로 결정되고 있다

암반등급 구분에는 물성 값의 뒷받침이 필요하지만 시험을 하지 않으면 결정되지 않는 구분은 현장에서 사용할 수 없다. 'N값이 20 이상' 등은 자주 보는 경우이지만 시공 현장에서 대규모 장비가 필요하다던가, 1주 뒤에 구분을 알면 충분하다 등은 있을 수 없다. 또 시험 값만으로 규정하면 반드시 시험 지점의 대표성이나 불균질성, 기준 값에 조금 부족한 경우의 취급이라는 문제가 생기게 된다. N값 20 이상으로 규정하고 있었던 경우, N값이 19여서는 안 되는가, 3개소 실시하여 1개소 만족하지 않는 값이 나온 경우는 어찌할까……. 현장에서 혼란되지 않도록 하는 것은 매우 중요하다.

물성 값의 특성을 육안으로 관찰할 수 있는 성상이나 해머의 타진 등을 여전히 잘 대응시킬 수 있을까. 지질 기술자의 실력발휘 기회는 그곳에 있는 것은 아닐까.

3. 'CM급 암반'은 전국 공통인가

암반등급 구분에 얽힌 오래되고도 새로운 논쟁 중에 '암반등급 구분은 전국 통일 기준으로 해야 할까, 현장마다 적절히 정해야 할까'라고 하는 것이 있다. 앞서 기술한 바와 같이 댐 기초 암반은 일본에서는 많은 경우 CH, CM, CL, D급의 4가지로 구분된다. 그러면 A 댐의 CM급 암반과 B 댐의 CM급 암반은 전부 동일한가라고 하면 그렇지도 않다. 결론부터 말하면 이 논쟁에는 아직 결말이 나지 않았으며 아마 결말이 나지 않을 것이다.

예를 들면 'CH급 암반의 전단강도를 $25.5 \, \text{kN/m}^2 (250 \, \text{tf/m}^2)$, CM급을 $15.3 \, \text{kN/m}^2 (150 \, \text{tf/m}^2)$, CL급을 $6.1 \, \text{kN/m}^2 (60 \, \text{tf/m}^2)$, D급을 댐 기초로서 적합하지 않은 암반'으로 하는 전국 통일 기준이 있었다고 하자. 댐 높이 30 m의 중력식 콘크리트 댐이면 가장 댐 높이가 높은 장소에서도 $6.1 \, \text{kN/m}^2 (60 \, \text{tf/m}^2)$ 정도이면 충분하고 댐 높이가 작은 댐 접지부이면 $2.0 \, \text{kN/m}^2 (20 \, \text{tf/m}^2)$이나 $1.0 \, \text{kN/m}^2 (10 \, \text{tf/m}^2)$으로도 기초 암반으로 할 수 있다. 이 경우, $6.1 \, \text{kN/m}^2 (60 \, \text{tf/m}^2)$과 $1.0 \, \text{kN/m}^2 (10 \, \text{tf/m}^2)$의 암반, 댐 기초에 적합하지 않은 암반의 세 가지로 구분하면 합리적이다. 그러나 앞의 전국 통일 규격에서는 $6.1 \, \text{kN/m}^2 (60 \, \text{tf/m}^2)$은 CL급 암반으로 규정할 수 있으나 $2.0 \sim 3.1 \, \text{kN/m}^2 (20 \sim 30 \, \text{tf/m}^2)$을 규정할 수 없다. 이 경우 CH급이나 CM급의 필요성이 낮은 곳에 CL급을 세분하지 않으면 안 된다.

한편 현장마다 적절히 암반등급 구분을 설정할 수 있다고 해보자. '이 현장의 CM급은 $6.1 \, \text{kN/m}^2 (60 \, \text{tf/m}^2)$'으로 설정하여 사전에 기술자 전원에게 확인시켜 납득되었다고 해도 막상 시공이 시작되면 경험이 방해를 할 것으로 예상된다. 댐에 연관된 기술자의 사이에 'CM급이면 이 정도의 경도와 균열 간격'이라고 하는 공통의 인식이 있기 때문이다. '이 현장의 CM급은 달고, 쓰다'라고 하는 비판은 여기서부터 생겨날 것임에 틀림이 없다.

현장에서 사용하기 쉬워 많은 기술자가 표적으로 하는 그 현장 고유의 성상을 가미한 암반등급 구분 기준을 작성하는 것은 실로 어려운 것이지만 이것은 지질 기술자에게 부과된 중대한 역할이기도 하다.

4. 진화하는 암반등급 구분

그런데 지금까지는 '시공 현장에서 사용하는 암반등급 구분'을 염두에 두고 작성하여 왔으나 오해하지 않기를 바라는 것은 세밀한 구분도, 많은 세부 구분 요소에 의한 구분도, 공학적 시험 값·수치도 필요하다는 것이다. 모순되는 것 같지만 조사로부터 설계, 시공의 사이클 중에서 필요가 되는 암반등급 구분이 다르다는 것을 이해해주기 바란다. 물론 최초부터 최후까지 변하지 않으면 그것이 가장 좋은 것이지만 판단 재료는 사업의 진전과 함께 증가해간다. 만약 최후까지 구분이 바뀌지 않는다고 하면 최초의 것이 매우 정확하였거나 지질 기술자가 새로운 조사 자료에 의한 재검토를 게을리하고 있었거나 중의 하나라고 생각하는 편이 좋다.

조사 수량이 적은 초기 단계에서는 표준적인 구분과 문헌 자료 등을 참고로한 강도 설정을 할 수밖에 없으나 조사가 진전하면 그 현장 특유의 암반 성상이나 문제점이 보이기 시작하여 무엇에 주목해야 할 것인가가 차츰 명료해진다. 또 설계에 필요한 물성 값의 종류와 숫자가 명확해지면 그 현장에 있었던 암반등급 구분을 재설정하거나, 세분화된 쪽이 합리적인 설계를 할 수 있는 경우도 있다. 많은 현장에서는 설계 검토 단계의 암반등급 구분이 그대로 시공까지 바뀌지 않고 사용되지만 설계가 마무리 단계가 되면 그 역할을 끝내는 구분이 나오는 것이 있다. 특히 구별할 필요가 없는 암반등급은 시공이 시작되기 까지 정리해야 할 것이다. 다만, 맹목적으로 구분을 바꾸거나 정리해서는 안 된다. 재검토는 적절한 시기에 적절한 내용으로 시행하지 않으면 혼란을 불러오기 때문이다(표 3.4.1).

조사 단계에서는 시추 코어 등이 깨끗하여 관찰하기 쉬운 상태에서 꼼꼼히 시간을 들여 시행하기 때문에 cm 단위의 관찰이 가능하다. 또 암반등급 구분도 등의 단면도 상에서 설계하면 복잡한 경계선에 연한 굴삭도 할 수 있다고 하는 착각에 빠지기 마련이지만, 현장의 시공은 중장비로서 시행하는 것을 잊어서는 안 된다. 중장비에 의한 시공이란 현실적으로는 수십 cm 크기의 단위로밖에 시공을 할 수 없다. 또 댐의 제체 타설 전의 기초 암반과 같이 굴삭면을 깨끗이 물세척하는 것 등은 보기 어려운 경우라는 것을 알아야 한다. 비탈면의 굴삭을 멈춰야 할 것인가, 더욱 깊게 해야 할 것인가, 어떠한 암반인가, 꼼꼼히 관찰할 수 있는 시간 등이 없다고 생각하는 편이 좋다. 물론 중요한 판단은 현장을 멈춰서라도 꼼꼼히 해야 하지만 그러한 기회는 제한되어 있다고 생각하는 편이 좋다.

시간도 없고, 결코 깨끗하지 않은 굴삭면을 판정할 때에 의지하게 되는 것은 무엇일까 생각해보면 역시 외관(색조나 균열 간격)과 해머 등에 의한 촉진(타진 등)이라고 생각한다. 시공의 현장에서는 가능한 한 심플하게 외관이나 촉진으로서 판단할 수 있는 것이 '알기 쉬운', '사용하기 쉬운' 암반등급 구분일 것이다. 물론 그 '알기 쉬운', '사용하기 쉬운' 암반등급 구분은 시험 값이나 세밀한 성상의 관찰이 뒷받침되어 있어야만 한다. 그것의 결여는 암반등급 구분의 신뢰성을 저하시키고 나아가서는 기술자의 자질을 묻게 되는 것이다.

표 3.4.1 진화하는 암반등급 구분의 예(중력식 콘크리트 댐의 예)

〈조사 초기 단계〉

암반등급구분	전단강도(추정)(kN/m²)	적용
D급	–	댐 기초로서 부적당
CL급	7.1	댐 높이가 낮은 부분이면 가능
CM급	15.3	비교적 댐 높이가 높은 부분까지 가능
CH급	25.5	최대 댐 높이까지 가능

〈조사가 진전된 단계〉

암반등급구분	전단강도(시험 값, 일부 추정)(kN/m²)	적용
DL급	–	구조물의 기초로서 부적당
DH급	2.0	정수지의 기초로만 가능
CLL급	4.1	댐 높이 20 m 정도까지 가능
CLH급	7.1	댐 높이 30 m 정도까지 가능
CML급	10.2	댐 높이 50 m 정도까지 가능
CMH급	15.3	댐 높이 70 m 정도까지 가능
CH급	25.5	최대 댐 높이까지 가능

〈설계(검토) 단계〉

암반등급구분	전단강도(시험 값)(kN/m²)	적용
DL급	–	굴삭 제거
CLL급	1.0	정수지 기초
CLH급	3.1	댐 높이가 낮은 부분의 기초
CML급	8.2	댐 기초 암반
CMM급	13.3	
CMH급	20.0	
CH급	25.5	

〈최종 설계 단계·시공 시〉

암반등급구분	전단강도(시험 값)(kN/m²)	암반의 성상	적용
D급	–	바위 속까지 적갈색으로 풍화하여 점토 모양	굴삭 제거
CL급	3.0	갈색을 띠는 부분이 많음. 햄머 타격으로 둔한 금속음을 발함. 균열이 많음	
CM급	8.0	신선한 부분이 많음. 햄머 타격으로서 금속음을 발함. 균열 간격은 10~30 cm 정도	댐 기초 암반, 정수지 암반
CH급	20.0	풍화가 대부분 없음. 햄머 타격으로 깨지기 쉬움. 균열 간격은 30~50 cm 정도	
B급	25.0	풍화의 영향은 없음. 햄머 타격으로 깨지기 쉬움. 균열 간격은 50 cm 이상	

※ 이 예는 가공한 것이며 도중단계의 세압분細壓分을 강조한 것이다.

5. 구분의 어려움

'기준을 명시하고 이유를 명확히 한다.' 무엇인가를 구분할 때의 기본이며 '설명책임'과 더불어 최근 자주 듣는 말이다. 암반등급을 구분할 때에도 기존에 시행하여 온 모식적인 표현뿐만 아니라 출현할 수 있는 모든 경도나 균열 등의 세부 구분의 조합을 명시하거나 암반등급 구분도에 구분의 이유를 기술하는 경우가 많아지고 있다. 또 '누가 어떻게 구분하고, 누가 확인하였는가'라고 하는 판정의 프로세스의 설명을 요구받거나 국부적인 암반 불량만을 보아 구분 전체의 신뢰성을 문제로 하는 경우도 증가하고 있는 것처럼 생각한다.

지질 기술자의 설명이 부족하다고 반성하는 경우도 있으나 자연의 원지반을 균질한 공업 제품과 같이 생각하고 있는 것은 아닌가라는 생각도 든다. 국부적인 암반 불량부의 취급이나 판정의 스케일(하나의 암반등급으로서 묶는 것은 몇 cm 또는 몇 m 인가) 등 지금까지 애매하게 해왔던 부분이 있는 것은 부정할 수 없다. 그러나 앞서 기술한 바와 같이 차차 옮겨가며 변화하는 '아날로그'의 자연 원지반을, 억지로 '디지털'로 구분하고 있는 것, 자연의 원지반은 불균질하며 캐드(CAD)로 작도된 암반등급 구분도와 같이 균질한 층이 명확히 분포하는 것은 아니라는 것을 지질 기술자는 더욱 토목 기술자에게 설명해야 하는 것일지도 모른다.

　마지막으로 현장에서 느끼는 점 한 가지이다. 자연의 원지반에 관해서는 세밀히 관찰된 것을 쌓아 올려 전체를 구축하기 보다도 전체를 조감하여 '대체로 이런 느낌'으로 대략적으로 묶고 나서 세밀히 관찰하여 수정해나가는 쪽이 큰 실수가 없는 것처럼 생각되는데 독자 여러분들은 어떻게 느끼실까.

물은 지나지만 시멘트 밀크를 통과시키지 않는 균열

그라우팅의 유의점

1. 그라우팅이란

댐 기초 암반에는 제체의 안전성과 저수 기능을 확보하기 위해 소요의 암반 강도와 수밀성이 요구된다. 기초 암반의 수밀성을 확보하기 위해서는 차수공을 실시하는데, 시멘트 그라우팅(이하 그라우팅)은 차수 공법 중에서 가장 일반적인 공법이다.

그라우팅은 시멘트를 물과 혼합하여 암반에 주입하는 공법이다. 그라우팅은 사전에 시공 범위나 개량 목표 값, 시공 사양, 공의 배치를 정하여 두지만 시공 시에 효과를 판정하면서 적절한 계획을 재검토하는 것이 특징의 하나이다. 따라서 개량이 생각한 것보다도 진행하고 있다고 판단할 수 있으면 당초 계획보다도 대폭적으로 수량을 줄일 수도 있으나 반대로 개량되고 있지 않다고 판단하면 추가의 시멘트 밀크를 암반에 주입하게 된다. 그러나 판단을 잘못하면 필요한 개소의 시공이 허술하게 되어 소요의 차수성을 균일하게 확보할 수 없는 경우도 있다.

2. 중앙 내삽법內揷法의 함정

그라우팅은 통상, 중앙 내삽법으로서 시공된다. 중앙 내삽법이란 앞의 차수次數 공의 중간에, 다음 차수 공을 시공하고 효과를 확인하면서 공 간격을 채워 나가는 공법이다(그림 3.5.1). 시공 범위를 계통적으로 누락 없이 개량할 수 있고 또 개량이 가능하다고 판단할 수 있으면 최종 차수 공까지 시공하지 않아도 도중에서 종료하는 것도 가능하다. 중앙 내삽법은 언뜻 보기에 만능의 시공방법과 같이 생각되지만 시공 결과를 충분히 검토하지 않으면 생각지 못한 실패를 하게 된다.

중앙 내삽법으로 개량의 효과를 판단할 때의 전제 조건은 시공하는 공 사이의 암반의 수리 특성이 거의 균질하다고 간주된다는 것이다. 암반의 수리 특성이 균질하면 주입공의 주변에 시멘트 밀크가 균등하게 널리 퍼져 다음 차수 공의 개소에서 개량 여부를 판정할 수 있다. 다음 차수 공의 투수성이 높으면 그곳까지 시멘트 밀크가 골고루 미치고 있지 않다고 판단할 수 있고 투수성이 낮으면 개량되었다고 판단할 수 있다(그림 3.5.2).

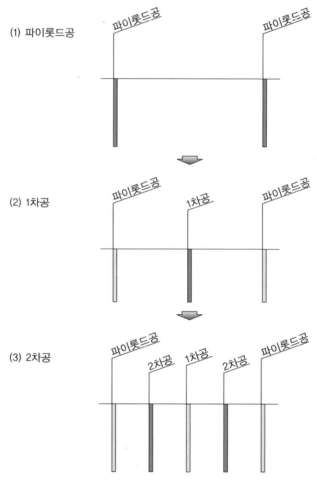

(1) 파이롯드공

(2) 1차공

(3) 2차공

파이롯드공　파이롯드공

파이롯드공　1차공　파이롯드공

파이롯드공　2차공　1차공　2차공　파이롯드공

그림 3.5.1 중앙 내삽법에 의한 시공 예(항상 다음 차수 공의 루전 값으로서 개량 효과를 확인하면서 시공해나간다.)

　그러나 지금까지 가술해 온 바와 같이 암반의 성상은 한결같지는 않다. 지질이 다르면 풍화의 정도나 균열의 간격이 다르다. 균열의 성상도 1본씩 다른 것도 있다. 예를 들면 앞 차수 공이 균열의 밀집부, 다음 차수 공이 균열이 적은 괴상부로서 시공된 경우를 상상하여 보자. 다음 차수 공의 투수성이 낮아도 그 라우팅에 의해서 투수성이 낮은지, 원래 투수성이 낮은지 판단할 수 있을까(그림 3.5.3). 만약 균열의 밀집부의 차수성이 충분히 개량되어 있지 않음에도 불구하고 그라우팅을 중지하여 버리면 기초 암반이 소요의 차수성을 확보할 수 없는 채로 공사가 종료되어 버릴지도 모른다.

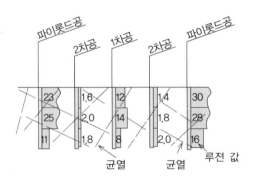

그림 3.5.2 성상이 거의 균질하다고 간주되는 암반의 경우(파이롯드공→1차공→2차공으로 순차 루전 값의 저감이 확인되며 개량 효과가 확인된다.)

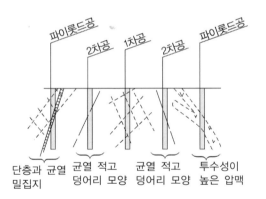

그림 3.5.3 불균질한 암반의 경우(1차공이나 2차공의 루전 값이 낮은 경우, 그라우팅의 효과에 의한 것인가, 원래 투수성이 낮은가의 구별은 어렵다.)

그라우팅은 효과를 판단하면서 시공하기 때문에 단계적으로 얻어지는 시공 결과를 그 자리에서 판단하지 않으면 안 된다. 자칫하면 루전 값과 시멘트 밀크의 주입량의 숫자만을 보고 판단하지는 않는가. 그라우팅의 효과 판정은 지질의 정보를 정확히 파악한 다음에 시행하지 않으면 안 된다. 예를 들면 '그라우팅 때의 코어 채취는 파이롯드공뿐이기 때문에 주입공 전부의 지질 상황 등을 알 수 없다'고 생각할지도 모른다. 그러나 그라우팅 또는 그 이전의 댐 제방 부지의 기초 암반 전체가 노출되어 있어 관찰할 수 있을 것이다. 예를 들어, 거친 굴삭 상태여도 연속적으로 지질 상황을 관찰할 수 있기 때문에 조사 때와는 비교가 안 될 정도의 많은 정보가 얻어질 것이다. 또 커텐 그라우팅에서는 파이롯드 공만이라고 해도 공 간격은 통상 12 m로 조사 시의 그리드(일반적으로 20 ~30 m)보다도 훨씬 밀실하게 코어가 채취되어 있다. 물론 주입공의 지질 상황, 특히 심부의 상황은 100% 아는 것은 아니지만 굴삭면 스케치와 파이롯드 공의 코어가 있으면 상당한 정밀도로서 파악할 수 있다. 정말로 개량되어 있는지, 쓸데없는 주입을 하고 있지는 않은지, 지질 정보는 매우 중요한 것이다.

3. 물은 통과하지만 시멘트 밀크가 들어가지 않는다

시멘트 밀크는 단지 회색의 물로 밖에 보이지 않는다. 그래서 물이 들어가는 균열에는 당연히 시멘트 밀크가 들어갈 것이라고 생각하기 쉽다. 분명히 루젼 값에 부합하는 시멘트 주입량의 기준은 있고(표 3.5.1), 세상에는 물은 통과하지만 시멘트 밀크는 통과하지 않는 지층이나 균열이 존재한다. 암반은 물과 시멘트 밀크를 명확히 구별하고 있는 것이다.

표 3.5.1 루젼 값에 부합하는 시멘트 주입량 기준의 예(기준은 지질이나 암반 상황에 따라 다르다.)

루젼 값 L_u	단위 시멘트양 C_e [kg/m]
$20 < L_u$	$300 < C_e$
$10 < L_u \leq 20$	$100 < C_e \leq 300$
$5 < L_u \leq 10$	$50 < C_e \leq 100$
$2 < L_u \leq 5$	$20 < C_e \leq 50$
$L_u \leq 2$	$C_e \leq 20$

그라우팅을 하고 있으면 투수성이 높은 곳에 시멘트 밀크가 별로 들어가지 않는 현상을 만난다. '적은 시멘트 밀크로서 정확히 고투수부를 충전할 수 있었다'라고 하는 판단도 할 수 있지만 그와 같은 경우는 지극히 드물다고 생각하는 쪽이 좋다.

어느 댐에서 담수를 시작하였을 즈음에 검사공으로 부터의 누수량이 부분적으로 많은 개소가 발견되었다. 누수량은 그다지 많지 않았지만 그 부분만 많은 것이 신경이 쓰였다. 그라우팅 기록을 재검토한 바, 누수량이 많은 개소 부근에서는 루젼 값에 비해 시멘트 밀크의 주입량이 적은 개소가 많다는 생각이 들었다. 다음 차수 공에서 루젼 값이 낮았기 때문에 '적은 시멘트 밀크로서 개량할 수 있었다'라고 생각하고 있었지만 사실은 루젼 값이 높은 개소의 개량을 충분히 할 수 없었고 다음 차수 공의 실시 개소는 원래 투수성이 낮은 개소였던 것이었다. 파이롯드공의 코어를 재검토하여 보면 루젼 값에 비해 주입 시멘트양이 적은 개소에는 균열에 화강암 풍화토 모양의 세편이 많이 부착하고 있는 개소와 거의 일치하고 있는 것을 깨달았다(그림 3.5.4). 화강암 풍화토 모양의 세편은 균열 근처의 변질 열화부 속에서 점토화하지 않고 남았던 부분으로서 점토화된 부분은 오랜 세월 동안에 유출되었던 것이다. 결국 균열은 화강암 풍화토 모양의 세편부가 남아 있던 만큼의 간극이 있는 상태이며, 그 간극은 물은 통과하지만 시멘트 밀크는 통과되지 않았던 것이 된다.

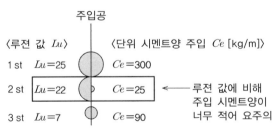

그림 3.5.4 루젼 값과 주입 시멘트양의 예(2 st의 시멘트양이 루젼 값에 비해 지나치게 적으므로 주의를 요한다.)

댐의 담수를 시작하여, 저수지의 수위를 높여감에 따라 누수량이 증가히는 경향이 확인되었기 때문에 추가 그라우팅을 시행하였는데, 추가 그라우팅에서는 주입재를 초미립자 시멘트로 교체하였다. 그렇게 함으로써 주입공의 근처의 배수공으로부터 시멘트 밀크가 나올 정도로 지반 내에 시멘트 밀크가 충전되었다. 물론, 그 후 문제의 기초 배수공 주변으로부터의 누수는 없어졌다. 이러한 현상을 바탕으로 수위가 올라간 장소의 그라우팅 기록을 재검토하고, 누수가 일어날 가능성이 있는 개소를 재검토하였다. 예상했던 대로 유사한 개소에서는 수위를 높여 나가면 누수가 확인되었기 때문에 당황하지 않고 추가 그라우팅을 실시할 수 있었던 것이다.

물은 통과하지만 시멘트 밀크는 통과하지 못하는 지층이나 균열에는 이 밖에도 단층 파쇄대나 고결도가 낮은 퇴적암 등이 있다. 대상으로 되는 암반의 성상을 잘 고려하여 암반에 있었던 주입재나 주입 사양을 결정하고 시공이 시작되면 그라우팅 결과를 자주 검토하여 적절히 사양을 변경하면서 확실하게 투수성을 개량하여야 한다.

4. '수리지질 구조'와 지질 · 암반 상황

2003년에 '그라우팅 기술지침'이 개정되었다. 오해를 무릅쓰고 말하면 개정의 취지는 '지질과 투수성의 관계를 잘 검토하여 필요한 곳에 신축적으로 대응하여 시공한다'라는 것이다. 개정판에서는 '지질과 투수성의 관계'는 '수리지질 구조'라는 개념으로 상세히 설명되어 있다.

'수리지질 구조'의 검토란 간결하게 말하면 암반 투수성의 지배적인 요인이 무엇인가를 명확히 하여 고투수부의 원인과 분포, 연속성을 검토하는 것이다. 또 기초 암반의 성상을 감안하여 암반에 적합한 투수시험방법, 차수공법, 시공방법을 고려하는 것도 중요하다. '수리지질 구조'의 개념은 댐의 조사 · 설계 · 시공에서 상당히 중요한 키워드가 되고 있다.

하지만 '수리지질 구조'라는 말은 신선하지만 개념은 결코 새로운 것은 아니다. 지금까지도 현장의 지질조건을 파악하여 진지하게 조사·해석을 하여 온 지질 기술자라면 암반의 투수 성상의 지배 요인이 무엇이고, 고투수부의 원인과 연속성을 염두에 두면서 당연히 루전 맵을 작도하고 있었을 것이다. 다만, 작도 시의 기본 개념이나 검토의 프로세스를 명시하지 않았거나 설명이 부족한 것이 있었을지도 모른다. '그라우팅 기술지침'의 개정에 의해 '수리지질 구조'의 개념이 각광을 받게 된 것은 루전 값만을 보고 단순히 동일한 루전 값의 영역을 연결하거나 난투수부 중의 고투수부를 기계적으로 경단같이 둥근 모양으로 그리거나 '댐 기초이기 때문에 루전 테스트, 모두 그라우팅'이라고 하는 고정관념에 사로잡힌 기술자가 눈꼴 사나워졌기 때문임에 틀림없다. 지질 기술자를 비롯하여 댐에 관계되는 기술자들은 경종으로 생각해야 할 것이다.

지질과 그라우팅에 대해서의 실적이나 경험은 확실히 축적되어 있어서 어떤 곳에 물이 들어갈까, 어떤 암반에는 어느 공법이나 사양이 적합할까가 파악되어 오고 있다. '수리지질 구조'의 개념이 각광을 받게 되면서 고투수부의 원인을 지질·암반 상황과의 관계로부터 고찰하는 것이 당연시되어 지질 기술자에 대한 기대는 높아지고 있다. 그러나 과신은 금물이다. 암반의 투수성과 지질·암반 상황에는 밀접한 관계가 있는 것은 틀림없지만 100% 그 관계를 설명할 수 있는 것도 아니다. 그라우팅 시에는 상당한 지질·암반 정보를 얻을 수 있으나 물이나 시멘트 밀크의 흐름까지 완전히 파악할 수 있는 것은 아니다. 확인공의 코어를 보면 누구나가 물이 통과할 것이라고 생각하는 갈색의 산화 균열에 시멘트 밀크가 전혀 들어가지 않았는데 잠재 크랙과 같은 미소한 균열에 시멘트 밀크가 가득 들어가 있는 것도 드물지 않다. 또 시멘트 밀크가 대량으로 들어가 있는 곳의 시추 코어에서는 밀크를 대량으로 통과시킬 수 있는 균열을 식별할 수 없는 것도 있다. 검토를 거듭하여 다양한 가능성을 염두에 두면서 최종 판단을 신중히 내려야 한다.

그라우팅은 댐에 대해서 매우 중요한 공사이다. 그렇다고 무작정 시공량을 증가하면 좋은 것은 아니다. 지질과 암반의 성상을 바르게 파악하여 필요한 개소에 적절히 시공해야만 한다. 그러기 위해서는 지질 기술자의 지식이나 경험, 종합적인 기술과 설계나 시공을 담당하는 기술자와의 제휴가 중요한 것이다. 안이한 길을 걷지 않고 과신하지 않으며 늘 적절한 검토를 마음에 두기를 바라는 바이다.

세토瀨戸강의 퇴적암류의 노두.
지층이 아래 그림과 같이 습곡하고 있다.

Column '의사'와 '석공'

어느 지질 기술자는 자신을 석공(いしや)이라 부르고 의사(いしゃ)와 동일한 일을 하고 있다고 한다. 'や'라는 글자의 크기는 대상으로 하고 있는 일의 크기를 나타내는 것 같다(석공은 지구, 의사는 사람).

의사는 환자의 몸 안을 직접 볼 수 없다. 그래서 증상을 열심히 탐문하여 병의 이력을 조사하여 많은 가능성 속에서 질환을 좁혀나간다. 그리고 검사를 통해 진단을 내리고 그 사람에게 맞는 치료를 한다.

석공도 땅 속을 직접 볼 수 없으므로 단편적인 시추나 노두로부터 지질이나 지반·암반의 성장 과정을 추측하여 질환(문제의 원인)을 좁혀나가서 검사(조사)를 한 다음에 적절한 대응책을 고려하는 것이다. 예를 들면 열화된 암반을 만난다면 그 원인이 풍화인가 단층이나 열수변질에 의한 것인가, 성상이나 범위를 추측하고 비로소 토목 구조물에 미치는 영향과 대응책을 제안할 수 있다.

석공도 의사도 기술혁신이 계속되어 지금까지 발견하지 못했던 것을 알 수 있게 되었다. 다만 이와 같은 기술혁신이 석공이나 의사의 판단 영역을 좁히고 있는 것 같은 느낌을 받지 않을 수 없다. 예를 들면, 병원에 가면 혈액검사나 심전도, CT 스캔 등의 많은 검사를 받는다. 진단의 정밀도를 높이기 위해 필요한 것이겠지만 조사의 수치만으로 큰 병이 있는 것처럼 취급을 받을 때에는 석연치 않은 기분이 드는 것이다.

토목 지질에서도 동일한 일은 없을까. 예를 들면 물리 탐사는 비교적 저렴하고 넓은 범위를 조사할 수 있으나 얻어지는 것은 지반의 하나의 성상을 수치화한 것에 불과하다. 직접 지반을 관찰할 수 있는 시추 코어나, 물성을 수치화한 토질시험 결과에서조차, 조사 대상의 크기에 비하면 가는 침 구멍 정도에 불과하다. 특히 시험 값 등 명료한 숫자로서 표현되는 것은 설득력이 있는 것처럼 생각되기 쉽지만 물리탐사 결과라면 무엇이 반영된 숫자일까. 시험 값이라면 시험 개소의 대표성이 있는 것인지를 확실히 음미하지 않으면 안 된다. 아무리 기술이 진보하였다고 해도 기술자에 의한 우수한 해석이 없는 지질 해석은 무리일 것이다. 기술혁신에 걸맞은 기술의 연마를 게을리하지 않기를 바란다.

제4장 산은 움직이는 것

강물은 낮은 곳으로 흐르고 높이 우뚝 솟은 산들은 아래쪽으로 무너지려 한다. 홍수가 일어나서 비탈면이 붕괴하는 것은 자연 본질의 모습이지만 사람이 생활을 영위하고 있는 장소에서 일어나면 재해가 된다. 물길을 고정하고 비탈면을 억제한다. 도시화된 문명사회에서는 자연재해와의 전쟁은 피할 수 없는 숙명이다. 더할 나위 없이 소중한 생명을 지키기 위해, 풍요로운 생활을 보내기 위해, 사람은 자연재해와 싸우면서 서로 조화하는 길을 계속하여 모색하고 있다.

비탈면에 관해 말하면 기술과 경험을 축적함으로써 위험한 비탈면의 판별 방법을 알게 되고 움직이는 비탈면을 억제하는 기술도 진보하고 있다. 그럼에도 불구하고 아직도 뼈아픈 실패를 한다. 모두 알고 있는 생각이기도 하지만 실은 전부 모르고 있는 것인지도 모른다. 본 장에서는 뼈아픈 실패를 포함하여 비탈면 조사 사례를 소개한다.

깎기 비탈면의 붕괴. 사진의 우안이 붕괴된 비탈면

지질을 가늠한다

지질 현상을 계측할 때의 유의점

1. 가늠한다 – 재다, 측정하다, 단다

토목 지질에서 지질 구조나 지형 발달사를 고찰하는 경우에는 광물 레벨에서부터 지역, 나라, 지구 전체, 또는 태고 시대로부터 현세라고 하는 것처럼 공간, 시간을 누비며 이야기가 진행된다. 그 경우, 현재 상태의 지반·암반의 성상이나 변화 과정을 알고자 할 때 다양한 방법으로서 '가늠하는' 것이 시행되고 있다. '가늠한다'라는 것은 '잰다(수, 시간)', '측정한다(길이, 면적)', '단다(무게, 크기)'의 크게 세 가지의 의미가 있으며 '가늠하는' 것으로서 물리량과 얼마간의 규칙에 의해서 숫자로 치환하는 것의 두 가지가 있다. 암석의 무게나 암석·암반의 강도, 또는 지질의 계측에서는 물리량을 다는, 재는 예라고 말할 수 있다. 한편 암반의 좋고 나쁨을 개략 평가하는 데 널리 이용되는 RQD(Rock Quality Designation) 값*, 균열 밀도, 균열 방향의 빈도 분포 등은 물리량은 아니며

---

* RQD 값 : 시추 조사에서 코어 1 m의 구간 중에 존재하는 10 cm 이상의 코어의 누계 길이. 암반의 양부를 가늠하는 기준의 하나이다.

정의에 의하여 수치로 치환된 것을 측정하는 예에 해당한다. 또 시간축을 추가하면 '가늠한다'에는 현상의 모습을 포착하기 위한 것과 움직임을 포착하기 위한 것의 두 가지가 있다.

최근에는 기회가 있을 때마다 지반·암반을 '가늠함'으로써 얻어진 숫자가 넘쳐나고 있는 것처럼 무감각해져 있다. '가늠하는' 것은 숫자를 내미는 것이며 무책임한 계획으로 진행하면, 영문을 알 수 없는 숫자가 넘쳐날 수도 있다. 자연현상을 유형화하여 법칙을 찾아내고 원리·원칙에 귀착한 방법은 자연과학의 기본이다. 그러나 본질적으로는 누구도 모르고 있는 것임에도 불구하고 축적되어 통계 처리된 데이터를 보고 무심코 알게 된 것 같은 기분이 되고 있지 않은가. 무언가 큰일을 간과하고 있지 않은가라는 생각조차 없이 방관하고 있지는 않은가.

여기에서는 지질을 '가늠한다'라고 하는 의미에서는 대표격인 지질 계측에 초점을 맞춰서 이 문제를 파고 들어간다.

2. 지반 계측 – 지질 현상의 움직임을 안다

지질 현상을 '가늠한다'라고 하는 경우, 그 대상은 조산 운동과 같이 오랜 시간을 거쳐 변화하는 움직임이 있는가 하면 돌발적인 단시간의 움직임도 있다. 토목 지질의 세계에서는 지질 현상의 비교적 단기간의 움직임을 아는 방법으로 지질의 계측이 있으며 그중에 지반 계측이라는 분야가 있다. 산사태나 붕괴 등의 비탈면 변동의 계측, 지하 공동 등의 내공 변위 계측 등이 알려져 있다.

댐, 도로, 토지 조성 등에서 가장 친숙한 비탈면 변동에서의 지반 계측의 기본은 지질 현상을 충분히 파악 또는 예측하여 목적하고 있는 계측 방법, 기기, 정밀도, 기기 배치를 선정하고 최적인 계측 빈도하에서 데이터를 얻는 것이다. 그리고 계측 결과의 해석으로부터 지질 모델의 타당성을 검증하고 계측 계획의 재검토나 관리 기준 값을 적정화하여 필요에 따라서는 대책 공법에 필요한

지반 정수의 기준을 얻는 것에 있다. 이 정의는 필자의 독창적인 것이며 이상理
想적인 것이지만 중요한 점은 다음의 6가지가 있다.

① 지질 현상을 충분히 파악한다.

지반 계측에서 문제가 생기는 경우, 계측 계획 입안 단계에서 지질 현상
의 파악 방법이 불충분한 것이 많다.

② 목적에 맞는다.

여기에서 말하는 목적이란 비탈면 변동의 어떤 대상을 포착할까라는 것
이다.

③ 계측 빈도가 최적이다.

매시간인지 매일인지 또는 주 1회인지 계측 초기 단계에서는 적절한 계측
빈도를 알 수 없어 유사한 사례로서 결정한다.

④ 지질 모델의 타당성을 검증한다.

움직임을 바라보고 예측에 오류가 있으면 솔직하게 인정하는 것이다. 이
것에 서투른 지질 기술자는 많다.

⑤ 관리 기준 값을 적정화한다.

어려운 문제이지만 피하고 지날 수 없는 명제이다. 재해를 미연에 방지
또는 재해로부터 회피하는 데 가장 중요한 판단 기준이며 유의한 변동의
간과는 논외이지만 늑대소년이 되어서도 곤란하다. 일반적으로는 사례
에서부터 얻어지는 것이 많지만 과연 그 값이 정말로 현장에 적합한지 불
분명한 것도 있다. 적어도 설치 조건에서의 기기 고유의 검지 능력에 기
초를 둔 것이 아니면 의미가 없다. 관리 기준 값의 설정에 관해서는 '최댓
값의 기준', '누적 값의 기준', '가속도의 기준', '상호관계의 기준' 등의 기
준을 설정하는 것도 하나의 안이다.

⑥ 지반 정수의 기준을 얻는다.

계측의 궁극의 목적은 계측 대상의 적절한 대응책을 검토하기에 필요한

지반 정수를 나타내는 것에 있다고 해도 좋다. 어느 시기만의 지빈 정수를 계측하기보다 시계열적으로 변동량을 쫓으면 보다 정확한 강도 추정에 결부되기 때문이다. 그렇다고 해서 계측을 말없이 계속하는 것만으로는 계측 결과는 단지 숫자의 나열에 불과하다. 무엇을 어디까지 계측하면 좋을까, 적절한 시기에 결론을 내려야 하는 것이지만 이 시점은 간과하기 십상이다.

3. '즉시 계측'의 함정

비탈면이 붕괴되었다거나 비탈면에 크랙이 발생되었다는 첫 연락을 받았을 때에 우선은 현지를 조사하여 즉시 계측을 하는 경우가 많다. 그 경우에 변상 개소의 크랙의 열림이나 침하 혹은 지반의 기울기에 주목하여 '가늠하는' 것으로 된다. 이것은 비탈면 변동 메커니즘을 아는 데 중요한 착안점이다. 그러나 즉시 계측이라는 것은 기본적으로 있어서는 안 된다.

지질 현상의 파악이 불충분한 상태에서는 계측 값이 무엇을 의미하고 있는지 읽어낼 수 없는 것이 있다. 또 움직임의 방향을 정확히 예측할 수 없음에도 불구하고 안이하게 계측을 개시한 경우, 예를 들면 수평 방향의 변위라 생각된 개소가 실은 상하의 움직이었던 경우에 본래 계측되어야 할 상하의 움직임이 과소평가되어 이후의 변동 해석에서 고려해야 할 계측 개소로부터 제외되어 버리는 일도 있을 수 있다. 뒤에 후회하는 예는 이와 같은 경우가 많다. 아무리 급한 경우에도 현지 조사에서 변동 메커니즘을 해명하는 요소를 파악하여 움직임의 방향이나 형태를 상정하여 계측 배치를 고려하여야 한다.

4. 움직임을 아는 계측, 움직이지 않은 것을 아는 계측

계측이라고 하면 움직임을 아는 것이 제일이라고 생각하고 있는 사람이 많을 것이다. 확실히 규모가 큰 산사태 등에서는 정부頂部의 단차나 측방의 균열은 충격적이어서 변상 발생 개소를 중심으로 계측하고 싶어진다. 그러나 단차나 크랙이 발생하여 이미 지반으로부터 분리된 범위, 소위 밸런스가 무너져 회복 불능인 상태의 지반은 대책공 검토의 관점으로부터 움직임의 감시도 물론 필요하지만 움직이지 않은 범위를 특정하는 것은 그 이상으로 중요한 것이다. 움직이지 않은 것을 확인하기 위한 계측은 현장에 따라서는 불필요하다고 간주되어 개소 수가 줄어드는 경우가 있다. 그러나 그때 주변에 생각지 못한 움직임이 발생하는 경우가 있다.

비탈면 변동 중에서 초기의 계측 값의 누적성이 명료하지 못하고 계측 데이터의 상호 관련성이 그다지 없기 때문에 계측 결과의 해석이 어려운 것에 암반 활동이 있다. 게다가 일반적으로 규모가 크기 때문에 귀찮기 짝이 없다. 이와 같은 현장에서는 특히 움직이지 않은 것을 확인하는 계측은 중요하다. 경험적으로는 암반 활동의 경우, 당초에 변동 범위의 상정을 틀리게 하여 변상 범위나 계측 결과를 뒤따르는 형태로 상정 활동 범위가 확대되는 경우가 많다. 이와 같은 경우에서는 움직이지 않은 것을 확인하는 계측망이 부족한 경우가 많다. '축차적인 이완이 진전하여 새로운 변상이 확대하고 ……'라는 설명을 자주 듣지만 정말로 답답하다. 이렇게 되지 않기 위해 상기하고 싶은 주문을 전수하자.

'너(암반 활동)는 이미 작정한 대로 레일에 타고 몰래 천천히, 그러나 확실히 움직이기 시작하고 있군. 우리들에게는 보이지 않는 속도로, 생각지 못한 곳에서, 포착되지 않는 모양으로, 우리들의 허를 찌르고'.

5. 설명할 수 없는 움직임

계측의 개시 후, 잠시 후부터 재미있는 결과가 나오는 것이 있다. 그림 4.1.1
은 공내 경사계의 예이다. 공저孔底로부터 누적변위도를 나타내고 있다. 그림
의 좌측은 곡측(변위가 상정되는 방향), 우측이 산측이다. 세 가지의 사례는 이
하와 같은 변위이다.

A : 산측으로 변위가 누적하는 것

B : 산측으로 한 번은 크게 변위하지만 그 후 변위가 수렴하고 있는 것

C : 변위가 곡측, 산측으로 변위의 방향이 일정하지 않은 것

이와 같은 변위가 나타난 경우에 우리는 좋든 싫든 다음의 세 가지 태도를 취
한다.

a) 무시한다.

　변위량에도 따르지만 이 경우가 많은 것은 어쩔 수 없다.

b) 이유를 대어 판단근거로부터 제외한다.

　댐 저수지 활동의 변위 데이터이면 '수위가 올라 왔으므로 노이즈가 나올
　것이다' 등이라는 이유에서 어떻게든 납득하려고 한다.

c) 비탈면 변동의 초기의 움직임일지도 모르기 때문에 주변 기기의 움직임도
　포함하여 주의 깊게 감시한다. 우등생적인 답이지만 판단하지 않는 것에
　는 변함이 없다.

이와 같은 움직임에 대한 기기 특성의 영향 진전에 대한 의견에 필자는 동의
하지 않지만 이러한 3종의 움직임은 그 후 큰 변동에 관련되는 것도 있고 그대
로 아무런 일도 없이 수렴하고 있었던 현장도 있다. 설명할 수 없는 움직임은
역시 설명할 수 없는 것이다.

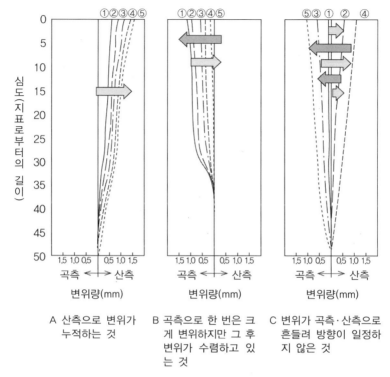

그림 4.1.1 설명할 수 없는 움직임. 공내 경사계의 계측 사례 : 공저로부터의 누적변위도(계측 데이터의 경시변화는 ①→②→③→④→⑤의 순)

그러나 이러한 움직임이 원지반의 움직임과 관계가 있다라고 하는 추측은 성립할 것이다. A의 움직임이 큰 변동에 연결된 예는 다음 항에서 기술한다. B나 C는 암반 활동에서 때때로 우연히 만나는 변동 초기의 떨림으로 이해할 수 있다. B는 미세한 움직임이 생긴 후에 새로운 얽물림이 생겨 안정도가 회복해 가는 경우, C는 한계에 가까운 상태에 있어 움직임의 방향은 일정하지 않으나 변위량은 누적해나가면서 주변의 파괴 범위가 확대함에 따라 언젠가는 방향이 모이기 시작하는 경우다. 나중에 불쾌한 마음을 갖지 않기 위해서는 이와 같은 움직임이 나타나면 사실로 받아들이고, 무리한 이유를 대어 납득하려고 하지 않아야 한다. 이와 같은 데이터가 나왔기 때문에 블록 전체의 활동 메커니즘이나 안정도 평가의 판단 데이터로부터 제거하려고 핑계를 대는 태도는 최악의 대응일 것이다. 그러한 의미에서는 주의 깊게 감시한다고 하는 c)의 우등생적인 답이 올바른 것인지도 모른다.

6. 임의 조성 비탈면에서의 교훈

임의 조성 비탈면에서의 사례이다. 중·고생층의 점판암, 녹색암으로 이루어져 비탈면으로는 완만한 유반流盤 구조였다. 용지 등의 제약에 의해 조성 면적을 최대한 확보하기 위해 비탈면이 안정 구배보다도 급하게 설계되었으며 비탈면에 대한 부족력은 앵커공으로 보완하였다. 그 때문에 정보화 시공에 의해 앵커공 설계의 타당성을 확인함과 동시에 추가 대책이 필요한 경우의 위치, 규모, 범위를 결정할 목적으로 계측이 시행된 것이다. 계측의 당초 목적으로는 앞서 기술한 '움직이지 않은 것을 아는 계측'에 가깝다.

그림 4.1.2는 해당 개소의 모식단면도이다. 순서에 따라 설명한다.

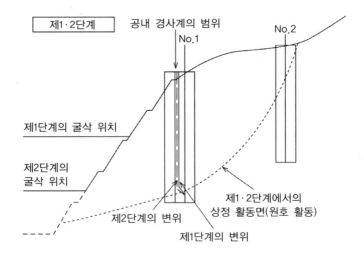

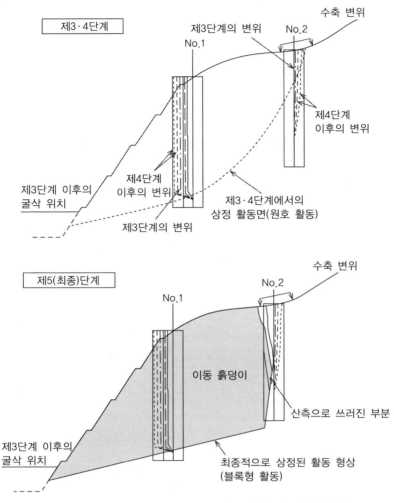

그림 4.1.2 임의 조성 비탈면의 모식단면도(변동과 진전이 대응)

제1단계

비탈면 중단까지 깎아 내린 단계에서 사전에 설치하고 있었던 No. 1 공내 경사계에 곡측의 변위가 확인되었다. 변위량은 적어서 관리 기준 값 이하이며 주변의 계측 기기에는 변위가 나타나지 않았기 때문에 굴삭을 계속하게 되었다.

제2단계

굴삭이 더욱더 2단(14 m) 진행된 시점에서 No. 1 공내 경사계에 관리 기준 값을 넘는 변위가 발생하여 더욱더 누적성이 확인되었기 때문에 굴삭을 중단하였다. 이 시점에서는 굴삭면에서는 변상은 확인되고 있지 않으나 주변부는 강풍화 암반이 주체이기 때문에 원호 또는 복합 원호 활동으로 예상하여 두부에 닿는 위치에서 No. 2 공내 경사계를 배치하였다.

제3단계

굴삭을 더욱더 진행하면 No. 1 공내 경사계에서 지금까지 없던 변위량이 계측되었다. No. 2 공내 경사계의 결과에 주목하였지만 대부분 움직임은 없고 두부의 예상 활동면 부근을 걸쳐 설치된 신축계에서는 역으로 근소하게 축소 변위가 관측되었으나 여름철이기 때문에 바깥 기온의 영향으로 생각되었다.

제4단계

굴삭은 중지하고 있었으나 강우에 의해 No. 1 공내 경사계가 누적성의 변위를 보이기 시작하였다. 또 지금까지 눈에 띄는 움직임이 없었던 No. 2 공내 경사계에서 산측으로의 누적하는 변위가 계측되었다. 바로 앞에서 나온 그림 4.1.1의 A의 움직임이다. 신축계도 축소 변위가 계속되고 있었다.

제5단계

주변에 광범위하게 계측기기를 설치하여 변동 영역을 좁힌 결과, 이 비탈면 변동은 예상하고 있었던 것과 같은 강풍화 암반의 원호 또는 복합 원호 활동은 아니며 깊은 위치에 활동면을 가진 블록형 활동이라 생각되었다. No. 2 공내 경사계는 블록형 활동의 배면 부분에 위치하고 있으며 활동이 진행함에 따라 활동 암덩이가 산측으로 변형하는 움직임을 포착하고 있었던 것을 알았다.

블록형 활동의 저면을 구분하는 활동면은 두께 1 cm 정도의 갈색 점토로 이루어져 추가 조사에서 평면적으로 연속하여 계획 조성 비탈면의 말단 부근에 나타날 것으로 예상되었다. 그 때문에 비탈면 하부에 앵커공을 증가 타입하여 대응하고 굴삭을 진행하게 되었다. 결과적으로 예상 위치에 활동면이 나타났지만 새로운 변위는 발생되지 않고 그 후도 변위는 수렴 경향에 있는 것을 확인하여 계측을 완료한 것이다.

이 사례는 활동 형태의 잘못된 판단이 모든 계기가 되었음을 가르쳐주고 있다. 한 번 끼운 단추를 되돌리는 것은 쉽지는 않다. 원호 활동 또는 복합 원호 활동이라는 모델을 고려한 시점에서 잘못된 연쇄 반응에 비집고 들어가 버린 것이다. 설명할 수 없는 움직임, 움직이지 않은 범위의 미확인 등, 개별의 반성 항목은 있다. 그러나 원호 모델로 결정짓고 힘차게 달렸기 때문에 계측 데이터를 보는 눈을 흐리게 한 것은 부정할 수 없다. '계측 데이터는 원지반의 정직한 움직임을 나타내고 있다'고 겸허히 생각하여 각 데이터가 나타내는 움직임을 정중하게 읽고 '이 움직임은 원호 활동일 수도 있다', '복합 원호 활동이라도 좋다', '블록형 활동일 수는 없다', '이 움직임은 블록형 특유의 움직임이다', '이 움직임은 크리프 변형이 아니라고 설명할 수 없다'라고 하는 것처럼 모든 변형 형태를 예상하여 계측 데이터를 해석하는 것이 중요하다.

7. 실제의 현장에서 느낀 계측 데이터의 마력

지반 계측은 단위 시간 당의 변위량(늘어남, 축소, 변형, 기울기 등)을 연속 기록하는 것이다. 기록한다고 하는 것은 숫자가 자동적으로 대량으로 만들어지는 것이며 숫자의 홍수 상태가 시작되는 것이기도 하다. 다양한 종류의 계기, 여기저기에 배치된 계기의 데이터가 모이기 시작하면 근거는 없음에도 불구하고 비탈면 변동을 샅샅이 감시하고 있다고 하는 착각에 빠지기 쉽다. 댐 저수지 산사태에서의 시험 담수 시의 계측과 같이 한꺼번에 데이터가 수집되기 시작하는 경우는 특히 그러하다. 계측이 자동화되어 그래프로 표시되는 경우도 마찬가지다. 계측 데이터가 밀려오면, '우리들의 허를 찌르고 원지반은 움직인다'고 하는 생각은 단번에 없어지고 모든 일에 만전을 기했다고 믿게 되는 것이다. 이것이 계측 데이터의 마력이다. 이와 같은 상황이 되면 어디가 중요한 움직임을 보이고 무엇이 결정적인 움직임인지는 그 자리에서는 일일이 상세하게 판단할 수 없게 되어 자신이 내세운 모델에 괜찮은 데이터를 선별하는 것이다. '이 기기는 정밀도가 높고 대표 개소에 있으므로, 이 계기에 움직임이 없기 때문에 괜찮다', '이것이 움직이고 있기 때문에 요주의다'라고 하는 처방이다. 이러한 판단 방법에 동의하는 사람이 있을지도 모르지만 이것이야 말로 정말 조심해야 한다.

비탈면 변동 모델은 무엇 때문인가. 일부 데이터에 판단을 맡긴다고 하는 것은 모델의 신뢰를 떨어뜨리고 있는 것이라고 할 수 있다. 계측은 산이 무너지지 않으면 알 수 없다고 말하고 있는 것과 같은 것이다. 모델을 만드는 것은 변동 예측을 하는 것이며 어느 위치에서 어떠한 변위가 나타날 수밖에 없다고 하는 생각에 의거하는 것이다. 그것에 따라 계측은 실시된다.

모든 움직임에는 이유가 있다고 하는 생각으로 계측에 임한다는 것은 이러한 것이다. 미소한 변위에서도 사전에 중요한 징후를 포착할 수 있는 계측이 되어 있으면 계측된 데이터는 소중한 것이다.

계측 데이터의 마력에 사로잡혔다고 생각했다면 소리내어 말해보자.

"우리들의 허를 찌르고 원지반은 움직인다."

계측 데이터로부터 무엇인가가 보일 것이다.

비탈면 문제를 바라보는 사고방식

지형과 지질로부터 비탈면 문제를 읽어 푼다

1. 사업을 좌우하는 비탈면 문제

댐 담수나 도로 토공, 댐 사이트나 원석산의 굴삭 등, 토목 공사를 하면 반드시라고 해도 좋을 만큼 산사태나 비탈면 붕괴, 원지반의 이완 등의 비탈면 문제를 만나게 된다.

이러한 사업에 따른 산사태 등의 발생에 의한 피해는 주민이나 주택지 등으로의 직접 피해, 도로 등의 생활 기반으로의 피해는 물론이고 산사태 흙덩이가 저수지로 미끄러져 떨어질 때의 해일에 의한 제체 등의 파손이나, 하류역으로의 홍수 피해, 비탈면 변동에 따른 댐 본체나 방류 설비 등의 구조물 피해를 들 수 있으며 공사비 증대나 공기 지연 등의 문제가 발생한다.

1963년 이탈리아의 바이온트 댐 저수지에서 발생된 산사태는 담수를 함으로써 2억 4천만 m³의 흙덩이가 활동하여 저수지를 매몰시켰다(사진 4.2.1). 이 흙덩이에 의해서 발생된 해일에 의해 저수가 댐을 월류하여 하류역에 홍수를 일으켜 약 3,000명의 귀중한 인명을 앗아가고 또 가축이나 가옥 등에도 막대한 피해를 일으켰다.

댐 저수지 주변 비탈면에서는 우선 규모가 큰 산사태가 주목되지만 애추(Talus) 비탈면이나 표층 붕괴, 또 명료한 활동면이 확인되지 않아도 크리프*적으로 서서히 변동하고 있는 비탈면 중에는 담수나 깎기에 의해서 불안정해지는 경우도 있으므로 주의해야 한다. 비탈면의 굴삭이나 댐 담수에 의해 산사태 등이 발생하지 않도록 사업 초기 단계로부터 산사태 등의 불안정 비탈면을 추출함과 동시에 담수, 굴삭에 대한 영향을 확인하는 것이 중요하다.

사진 4.2.1 바이온트 댐(이탈리아). 저수지 좌안 토크 산의 대암반 활동의 활동면과 산사태 암덩이(바로 앞에 식생이 있는 부분) 지질은 석회암으로 층리면이 원호모양을 이루고 있었다.

2. 활동면이 없는 곳에 변위된 비탈면

댐 건설공사 시에 발생된 암반 활동의 사례를 소개한다. 변상을 일으킨 댐 현장 비탈면은 평균 경사 45° 정도의 화강암류로 이루어진 험준한 산중턱 비탈

---

* 크리프(creep) : 중력의 영향으로 비탈면이 천천히 변형하는 현상. 이암이나 편암 등 이방성이 강한 암석에서 발달하기 쉽다.

면이었다. 조사 시점으로부터 암반의 이완이 예상되어 기초 굴삭은 록앵커에 의해 비탈면 안정을 실시하면서 굴삭을 진행하고 있었으나 태풍에 의한 집중 호우를 계기로 비탈면 변상이 발생하였다.

기초 암반을 이루는 화강암은 매우 견고하고 단단하며 비탈면에서는 고각도 수반受盤이 하천에 평행하여 탁월한 균열계가 발달하고 있어 토플링*에 의한 표층의 이완이 발생하기 쉬운 조건이었다. 비탈면의 굴삭 전 조사에서는 지하수위가 낮아 고투수 영역이 지표로부터 30~50 m의 심부까지 분포하고 있었으며 지하수위보다 하위에서 급격히 난투수성 암반으로 되고 있었다. 또 탄성파 속도도 심도 30~50 m 부근에서 2.5 km/s에서 5.6~5.8 km/s로 급변하고 있어 고투수 영역과 일치하고 있었기 때문에 지반 활동이나 이완이 고려되었다. 다만, 명료한 암반 활동면이 확인되지는 않았다(그림 4.2.1).

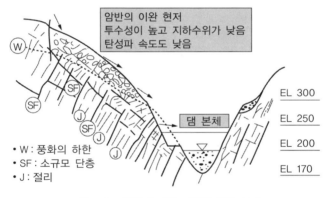

그림 4.2.1 굴삭에 따른 비탈면 변상 사례

긴급 대책공으로서 압성토공, 배수 시추를 하였더니 변위는 수렴하였다. 이에 부가하여 영구 대책공을 검토하기 위해 비탈면 변상 조사, 횡갱 조사, 앵커 하중계, 광파 측거, 신축계, 공내 경사계 등의 변상 계측 및 비탈면 안정해석을

---

* 토플링(toppling) : 중력 작용에 의해 균열이 풍부한 암덩이가 회전하는 형으로 앞쪽으로 전도, 붕락하는 현상.

하여 앵커공을 주로 하는 대책공에 의해 비탈면의 안정이 도모되었다.

이와 같은 비탈면 변상이 발생하여 예상 밖의 비탈면 대책공이 필요가 되었던 원인으로는 비탈면의 지형·지질특성(풍화·이완)을 정확히 파악할 수 없었던 것이 고려된다. 비탈면을 다소 과소평가하고 있었는지도 모른다.

암반 활동을 사전에 파악하여 적정한 대책공을 시공하는 것은 상당히 어렵다. 눈앞에 보이는 현저한 현상만으로 판단하는 것은 아니며 눈에 띄지 않는 현상이나 징조를 정성껏 포착하여, 대상으로 되는 비탈면의 지형, 지질의 성립(지형·지질 발달사), 비탈면 특성을 파악한 다음에 평가를 하는 것이 중요하다. 그 때문에 2.2절 '지형이 말하는 지질과 원지반 성상'에서 기술한 바와 같이 '지형을 잘 읽는다', '지질을 잘 읽는다'는 것이 중요하다.

3. 지형을 잘 읽는다

암반 활동 등의 불안정 비탈면을 추출하기 위해서는 지형을 잘 읽는 것이 중요하며 지형·항공사진 판독과 지질 답사가 필수적이다.

그런데 암반 활동과 산사태는 어떻게 다른 것일까, 암반 활동이란 실은 산사태의 한 종류이다. 산사태의 분류 방법에는 여러 가지가 있으나 산사태 흙덩이의 성상에 의한 '암반 활동', '풍화암 활동', '붕적토 활동', '점질토 활동'이라고 하는 구분을 들어본 적이 있을 것이다. 암반 활동이란 흙덩이가 암반이나 약풍화암으로 이루어져 흙덩이 내의 교란이 적기 때문에 기반암과의 구별이 어렵다. 또 층리면이나 균열 등 암반 중의 잠재적인 취약면을 따라서 활동하기 때문에 활락애 등 지형적인 특징이 지표에 나타나기 어렵다. 이 때문에 암반 활동은 주의깊게 관찰·해석하지 않으면 판별할 수 없다.

이하에 암반 활동을 판별하기 위해 주의해야 할 지형을 기술한다.

(1) 암반 활동의 지형이란

일반적으로 '붕적토 산사태'는 명확하게 지형에 나타나기 때문에 파악이 비교적 용이하다. 한편 '암반 활동'은 능선 모양의 지형을 이루는 대규모인 것도 있어 식별이 어렵고, 완전히 처음 발생하는 산사태는 적으므로 주의 깊게 지형이나 지질 구조를 관찰·해석하지 않으면 추출할 수 없다.

암반의 이완이나 암반 활동이 발생하고 있는 비탈면은 대개 부자연스럽게 요철이 심하고 큰 암덩이 모양의 노출암이 분포하고 있는 것이다. 더욱이 암반 활동이 진행하고 있는 경우는 분리언덕分離丘이나 이중산능二重山稜이 있거나, 산중턱 비탈면에 요철이 보이거나, 지층의 주향·경사가 일치하지 않는 노두가 늘어서 있거나 한다(그림 4.2.2).

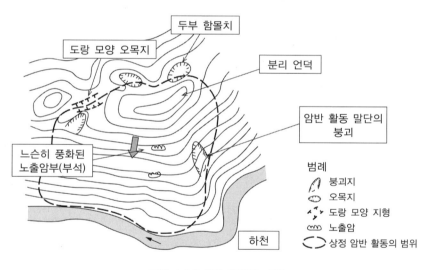

그림 4.2.2 암반 활동의 지형

(2) 천급선遷急線이 의미하는 것

비탈면을 잘 보면 비탈면의 도중에서 구배가 완만해지거나 급해지거나 한다. 이와 같은 구배의 변환점을 연결하면 선 모양으로 연속하는 것이 있다. 비탈면 구배가 완만해지는 장소를 천완선遷緩線, 반대로 급해지는 장소를 천급선

遷急線이라 한다. 이중 천급선은 침식에 따라 형성되는 것이 많다. 침식에 따른 천급선은 빙하기의 해수면의 변화 등에 따라서 위쪽 비탈면에 대해 아래쪽 비탈면의 침식 속도가 빠르기 때문에(하천의 하방 침식 작용이 크기 때문에) 형성된다. 일반적으로 천급선의 아래쪽 비탈면은 위쪽 비탈면에 비해 풍화대가 얇아 신선 암반이 비교적 얕은 위치에 분포하고 있다. 그러나 비탈면 구배가 급하기 때문에 암반에 이완이 생기기 쉬워 암반 활동이 발생하는 경우가 있다.

이와 같이 암반 상태의 추정이나 암반 활동의 분포의 파악 시에 천급선이 하나의 실마리가 된다.

(3) 단구면段丘面이 의미하는 것

하천에서는 여러 단의 하안 단구가 발달하고 있는 경우가 많이 있다. 암반 활동의 형성 시기를 파악하기 위해서는 단구면이 하나의 실마리가 된다(그림 4.2.3). 단구면은 옛날의 하상면이며 고표고에 위치하는 것일수록 형성 시기가 오래된 것이다. 단구면의 형성 시기는 단구면 위의 화산회나 유기물의 연대 측정으로부터 특정하는 것이 가능하며 암반 활동이 단구면 위에 얹혀 있는 경우에는 암반 활동이 발생된 시기를 특정할 수 있다.

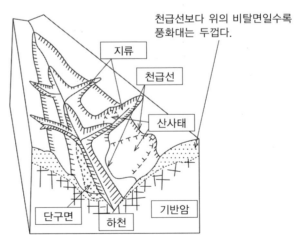

그림 4.2.3 천급선과 단구면의 모식도

4. 지질을 잘 읽는다

암반 활동 등의 비탈면 변상을 해석하기 위해서는 비탈면 변상의 원인이 되는 지층의 성상이나 지질 구조, 활동면을 포함한 형상을 정확히 파악하는 것이 중요하다.

(1) 답사는 조사의 기본

암반 활동은 견고하고 단단한 암반이라도 불연속면이나 약층(단층면, 층리면, 편리면, 절리면, 부정합면, 점토화된 이암·응회암, 비용결면 등)을 이용하여 활동하는 것이 많으며 퇴적암이나 변성암 등의 층상 암반에서는 유반流盤 비탈면에서 많이 볼 수 있다.

원지반의 이완, 산사태, 풍화의 범위나 정도는 지표를 걸으며 노두의 분포나 균열의 성상, 단차나 활락액 등의 미지형微地形, 못이 형성된 방법이나 용수, 표류수의 분포, 식생의 굴곡 등, 지표 답사에서 모은 증거를 종합하면 알 수 있다.

비탈면 형상, 못 지형, 하도 위치 등 개개의 지형은 우연이 아니라 필연적으로 형성된 것이며 지형에는 많은 지질 정보가 숨겨져 있다.

예를 들면 좌우안 비탈면의 비대칭성(비탈면구배의 차이)은 완경사면 측의 비탈면이 유반 비탈면이면 일반적으로 풍화가 얇고 지하수위는 높으며 암반 활동이 발생할 확률이 높아진다. 또 급경사의 비탈면이면 수반일 가능성이 높고 풍화대가 두껍고 암반의 이완이나 크리프가 발생하여 암반 활동으로 이행할 가능성이 있으며 지하수위도 낮을 것으로 예상된다(그림 4.2.4).

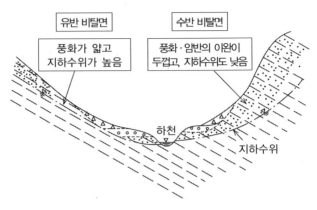

그림 4.2.4 유반·수반 비탈면의 특징

(2) 활동면 판정의 포인트

활동면은 시추나 횡갱, 공내 경사계, 암반 변위계(수직 신축계) 등의 변동량 조사 등을 종합적으로 해석하여 판정하는 것이 일반적이지만 '4.1 지질을 가늠한다'에서 기술한 바와 같이 조사 개소가 부적절하거나 공(갱) 길이가 부족해서는 모처럼의 조사도 쓸모없게 된다(그림 4.2.5).

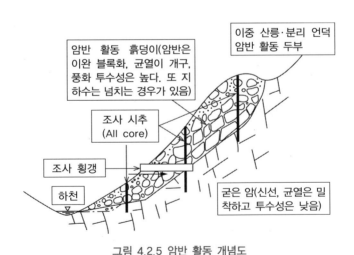

그림 4.2.5 암반 활동 개념도

예를 들면 봉 모양의 단단한 코어가 연속되어 이완이 없는 견고한 암에 달하였다고 판단하여도 그 아래에 활동면이 존재하고 있거나 횡갱을 굴삭하여도 이완의 범위로부터 어긋나 있어서 적절한 판단을 할 수 없는 경우가 있다. 또 시추에서 채취된 점토가 산사태 점토인지, 변질 점토인지, 점토의 성인成因을 특정하지 않으면 '활동면'을 잘못 판단하게 될 수 있다.

어느 산사태지에 있어서 실시된 시추에서 활동면으로 예상되는 부근의 시추 코어 채취율이 나쁘거나, 유출하여 버리거나, 또 표준 관입시험을 실시하여 코어가 없는 경우가 있었다.

이와 같은 조사로부터 활동면을 판정하는 것은 어려워 올코어(all core)*로 채취함과 동시에 적극적으로 불교란 코어 채취에 유의해야 한다. 필요한 공내 시험이나 시료 채취는 활동면을 판단하는 조사공과는 별도 공에서 시행해야 한다.

(3) 활동면은 시추 코어의 풍화가 급변

보통의 원지반에서는 풍화는 연속적인 것에 대해 시추 코어가 강풍화의 D, CL급 암반으로부터 신선한 CH급 암반으로 급격히 변하거나 하는 경우에는 암반 활동을 의심해 보아야 한다.

(4) 루젼 값의 변화에 주의

암반의 이완된 부분에서는 지하수위가 깊고 고투수 영역으로 되며 신선한 영역(기반암)에서는 난투수성 암반이 되는 것이 많다.

암반 활동의 시추에서는 코어를 상세히 관찰하는 것은 물론, 투수성(루젼 값)의 분포 상황, 시추 굴삭 중의 송수送水, 일수逸水 데이터를 확인하는 것과 지

---

* 올 코어(all core) : 시추 조사에서 굴진 대상으로 되는 전체 지층(토양, 암석 등)의 시료(코어)를 연속적으로 채취하여 지상으로 회수한 것. 지상으로 회수된 시료는 코어 상자 등의 전용 용기에 정리하여 보관된다. 이와 같이 전 지층의 시료(코어) 채취를 하는 시추를, 올 코어 시추라고 부르는 것에 대해 시료(코어) 채취를 하지 않는 시추를 논 코어 시추라고 부른다.

하수위를 자주 검토하는 것이 중요하다. 또 시추 코어는 원지반으로부터 '끄집어낸' 것이기 때문에 균열의 개구 유무 등, 원지반의 이완 상태를 파악할 수 없다. 가능하면 보어홀 텔레뷰어나 보어홀 스캐너* 조사를 권고한다.

5. 실패를 반복하지 않기 위해서는

댐이나 도로 등의 토목 공사에는 원지반의 굴삭에 따라 반드시 비탈면이 생긴다. 굴삭 비탈면은 많은 경우 현재 상태보다 급구배로 굴삭하기 때문에 불안정해지는 것을 피할 수 없다.

일반적으로 암반 비탈면의 안정검토는 경험에 의한 방법과 해석에 의한 방법으로 나뉜다. 경험에 의한 방법은 각 기관의 표준설계나 지침, 유사 비탈면의 사례에 의해 평가하는 방법이다. 한편 해석에 의한 방법은 비탈면의 활동에 대한 안정성을 평가하는 극한평형해석이나 변형거동, 파괴 현상을 고려하여 비탈면의 안정성을 평가하는 수치해석법이다. 양쪽 모두 변상과 형태, 타입을 모델화하여 평가하지만 비탈면의 지형·지질의 특징을 정확히 파악하여 바르게 모델링할 수 없을 때에는 아무리 많은 조사나 안정해석을 하여도 비탈면의 변상을 막을 수는 없다.

비탈면은 각각의 장소에 따라서 구배도 다르고 지질, 균열(층리면, 절리면 등)의 방향·경사, 지하수나 식생도 다르게 된다. 그러므로 비탈면을 볼 때 그 지형 및 지질의 성립, 특성을 잘 읽는 것이 중요하다.

---

* 보어홀 텔레뷰어·보어홀 스캐너 : 보어홀 카메라·보어홀 스코프 등의 명칭으로 불리는 것도 있다. 어떠한 것도 시추공에 화상 촬영 장치를 삽입하여, 공벽 화상을 일정 간격으로 촬영하거나 또는 리얼 타임으로 공벽의 상태를 관찰하기 위한 장치이다. 통상의 시추 코어 관찰과 마찬가지로, 공벽을 구성하는 암석의 색조, 풍화의 상태를 화면상에서 관찰할 수 있다. 특히 지상에 회수된 코어에서는 측정 불능한 층리면, 균열 등의 면 구조의 주향 경사, 균열의 개구폭 등을 해석하는 것이 가능하다. 다만 공벽·암반의 상태가 나쁜 경우에는 보어홀 스캐너를 시추공에 삽입할 수 없거나, 케이싱이나 시멘테이션(cementation)된 장소는 암반을 관찰할 수 없다.

4.3

거대 암반 활동의 여러 문제

소규모 산사태와 같은 대응을 할 수 없는 거대 암반 활동

1. 댐과 거대 암반 활동

최근 댐 저수지 안에서의 흙덩이 체적 500만 m^3이 넘는 거대한 암반 활동의 존재가 부각되고 있다. 산사태 비탈면은 주위에 비해 비탈면의 경사가 완만하기 때문에 산간지에서는 귀중한 평탄지, 또는 완만한 비탈면으로서 예로부터 주거지나 밭으로 이용되고 있는 경우가 많다. 이 때문에 일단 산사태가 활동을 시작하면 많은 영향을 미치게 된다. 더군다나 그것이 거대한 암반 활동이라면 신문지상을 떠들썩하게 한다.

사진 4.3.1 거대 암반 산사태의 예

댐 저수지 주변의 산사태(암반 활동)에 대해서는 조사나 해석 방법이 확립되어 있고 위험도의 판정 기준이나 대응책도 정비되어 있다. 또 사업의 다양한 단계에서 평가가 시행되기 때문에 활동할 위험이 있는 산사태나 붕괴에 대해서는 그 대부분이 억제되고 있다고 해도 좋다. 장소에 따라서는 지나치게 충분하다고 생각할 만큼 신중한 판단을 하고 있는 사례도 많다고 느껴질 정도이다. 그럼에도 불구하고 아직 그 실태가 불명확하고 대응이 매우 어려운 것이 거대한 암반 활동이다.

2. 거대 암반 활동의 실태

암반 활동이란 약한 풍화 또는 신선한 암반으로 이루어진 산사태로서 변위량이 지극히 작은 것이 많고 지형적인 특징도 그다지 명확하지는 않다. 또 규모가 지나치게 큰 경우도 있으므로 지금까지는 그 존재 자체를 간과하는 것도 적지 않았다. 최근 몇 년 암반 활동에 대해서는 인식이 높아지고 있는 중이어서 간과되는 것은 적어졌을 것으로 생각되지만 그런데도 그 실태가 충분히 해명되어 있다고는 말하기 어렵다.

거대한 암반 활동은 실은 일본 열도 각지에 존재하고 있다. 거대한 암반 활동(산체 붕괴를 포함)이 발생하는 최대의 근본 원인은 지하 심부에서의 균열이다. 이와 같은 균열은 지질 구조가 형성되는 과정에서 큰 스트레스에 의해 생기는 구조적인 파쇄 현상에 기인하는 경우가 많다. 중·고생층의 사암·점판암 또는 챠트·현무암 등의 메란쥬(혼재암) 등은 지질 구조나 그 형성 과정에서 생긴 균열이 발달하는 경우가 많다.

또 제4기에서의 급격한 지반 상승 지대 또는 큰 내륙 지진 발생 지대 등도 근본 원인의 하나로 생각되며 일본에서의 거대 산체 붕괴는 이러한 복합 지대에 많다. 일본 최대의 내륙지진인 노우비濃尾 지진(1891년 : M8. 4)에 의한 미노美濃 지방의 노우고能郷백곡白谷, 누오根尾 백곡白谷, 난노곡* 등의 대붕괴는 특히 유명하다.

---

* 난노곡(ナンノ谷) : 기후岐阜현 이비揖斐군 사카우치무라坂内村강 위쪽에 있는 계곡.

지금까지 명확해진 거대 암반 활동의 특성은 다음과 같이 요약된다.

① 변상 영역의 두께가 그 폭에 대해 극단적으로 크다. 통상의 산사태에서는 그 두께는 폭의 약 1/10 정도이지만 암반 활동에서는 그 2배 이상인 예가 많다.

② 흙덩이 내부는 표층부의 강풍화대를 제외하고 '이완'은 있으나 큰 교란이 없는 암반이다. 일반적인 산사태와 같은 큰 변위, 강풍화·점토화 등의 현상이 보이지 않거나 현저하지는 않다. 다만 균열을 따라서의 풍화 갈색화대는 매우 두껍다.

③ 지하수위가 이상하게 깊다. 암반 전체의 '이완' 때문에 지하수를 유지할 수 없어 주변의 건전 원지반에 비해 지하수위가 깊고, 블록 내부의 작은 공간은 항상 유수가 있는 것은 아니다. 지하수위는 최하부 블록 전체의 움직임을 통제하는 활동면 근처에 있다.

④ 활동 블록과 부동암의 경계는 대부분의 경우 대단히 명확하며 균열의 갈색 풍화대로부터 활동면을 사이에 두고 급격히 신선하고 매우 견고한 암반으로 옮겨간다.

⑤ 흙덩이 내에 지하 심부에서 형성된 것은 아닌 것으로 추측되는 미세하고 날카로운 자갈로 구성된 파쇄 영역을 가진다. 점토분은 대부분 없고 균열의 날카롭고 신선한 자갈이 대부분을 차지하는 특수한 파쇄대이다. 가장 현저한 미세 조각으로 된 파쇄 영역은 최하부 활동면의 바로 위에 있는 경우가 많다. 이러한 사례에서는 흙덩이 내부에도 비슷한 파쇄 영역이 존재하며, 블록이 몇몇으로 나뉘어 변위된 활동면으로 추정되고 있다.

이와 같은 특징을 가진 거대 암반 활동의 경우, 소규모인 산사태와 동일한 해석이나 대책으로는 충분히 대응하기는 어렵다.

3. 거대 암반 활동의 구조와 활동 메커니즘

거대한 암반 활동의 안정성을 평가하기 위해서는 그 지질 구조와 활동 메커니즘을 반드시 해명하여야 한다.

일반적인 산사태 대책공은 그림 4.3.1에 나타낸 바와 같이 다음과 같은 과정으로 생각한다.

① 활동 흙덩이와 부동암을 구분한다.
② 흙덩이 내부를 풍화 정도에 따라 여러 단계로 구분(예를 들면 W1, W2 ……) 한 활동의 종단도를 그린다.
③ 현상 안전율과 흙덩이 성상으로부터 풍화 구분과 각각에 최적인 점착력 c, 내부마찰각 ϕ를 부여하여 원호 활동으로서 안정계산을 한다.
④ 필요한 대책규모를 산정하여 적절한 대책공법을 선정한다.

소규모이고 균질에 가까운 일반적인 산사태의 경우에는 이것으로 충분할 것이다.

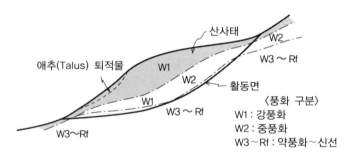

그림 4.3.1 산사태 종단도와 안정계산의 예

하지만 대규모 암반 활동의 경우는 이것으로는 불충분하다. 물론 대규모 암반 활동의 표층부 강풍화부에 대한 안정검토는 대응 가능할 것이다. 대규모 암반 활동에서는 분명한 특정 활동면에 의한 불안정화이기 때문에 원호 활동에 의한 안정해석은 대부분 의미가 없다. 또 불안정화의 심도가 매우 깊은 것도 원호 활동에 의한 검토에 있어서는 익숙하지 않다. 따라서 이 부분의 인식을 새롭게 할 필요가 있다. 종래, 일반적인 산사태에 대해서 적용되어 현실적으로 효과를 거두어 온 '표층에 대한 대책을 함으로써 깊은 활동에도 억제효과를 기대한다'는 대책공의 계획 패턴은 통하지 않는다.

4. 안정계산과 그 평가

암반 활동의 경우는 검토 대상 블록 내부의 지질 구조나 그것에 의거한 활동면의 구조가 해명되지 않으면 안정검토를 위한 계산 모델조차 불가능하다고 생각하는 편이 좋다.

또 지질 구조가 해명되어 계산 모델이 가능하다고 하여도 그것에 부여하는 물성 값이나 계산 조건은 당해 활동 블록이 어떻게 형성되고 그 후 어떠한 과정(풍화, 침식, 블록의 분화 등)을 거쳐 현재에 이르고 있는 것인지 향후 새로이 부가된 임팩트 등을 고려하여 설정하여야 된다.

안정검토 모델과 물성 값을 설정할 수 있으면 계산은 자동적으로 가능하다. 그러나 검토 모델과 이차원 해석 단면과는 같지 않다. 활동면 형상의 감도 계산도 포함하여 지질, 설계 기술자의 협동 작업이 필요하다. 중요한 것은 계산 결과를 어떻게 평가할 것인가이다.

일반적으로 저수지 산사태에 대해서는 '저수지 산사태의 조사와 대책[1]'에 의거하여, 흙덩이에 대한 저수에 의한 영향이 저수 전의 안전율에 대해서 5% 이상의 저하를 초래하는 산사태에 대해서 지질 조사와 그 결과에 따른 필요한 대책공을 검토하게 되어 있다.

그러나 여기에서 논의하고 있는 거대 암반 활동에서는 흙덩이의 하중이 극단적으로 크기 때문에 하부의 활동면 형상의 미소한 변화로도 계산상의 안전율은 크게 변화하는 경우가 있다. 앞서 감도 계산을 필요로 하였던 것은 그 때문이다. 이와 같은 경우, 국소 데이터에 의거한 구조에 얽매이지 않고 평균화된 구조 모델 또는 안전 측의 구조를, 검토 단면에 반영시키도록 한다. 실제로는 저수위 상승에 의한 안전율 저하가 계산상은 1%인 경우에서도 흙덩이가 움직이기 시작하는 징조를 포착한 예도 있어 5% 논의라고 하는 것은 어디까지나 검토 대상 추출을 위한 편법이라는 것을 재확인해야 한다.

활동 안정계산 결과의 평가 시에는 낡고 새로운 문제가 있으며 물성 값의 검토조건 논의를 더욱 심도 있게 할 필요가 있다. 예를 들면 흙덩이의 자중은 안정계산의 중요한 팩터이다. 결코 '일반적으로 사용되고 있는 $W = 1.8 \ t/m^3$'이라고 하는 결정 방법을 선택해서는 안 된다. 암반 활동의 경우는 통상 한층 크고 각각의 흙덩이의 성상을 감안하여 적절한 판단이 필요하다.

또 활동면의 c, ϕ는 조합이므로 활동면, 또는 흙덩이의 성상을 잘 확인하여 설정하지 않으면 안 된다. 이것을 너무 안이하게 결정하지는 않았는지 확인하지 않으면 계산결과의 평가에 있어서 처음 단계로 돌아오지 않으면 안 되는 것도 많다.

저수지 산사태에서는 흙덩이가 수몰하므로 또 다른 문제가 생긴다. 활동의 안전율은 활동면에 작용하는 활동력과 저항력의 비로서, 지진을 고려하지 않는 경우는 그림 4.3.2에 나타낸 식에 의거하여 계산된다.

이 식으로부터 알 수 있는 바와 같이 원래 $c \times l$의 항은 자중에 관계없으므로 수몰의 영향을 받지 않기 때문에 적절한 c의 설정을 실수하면 위험 측의 계산이 되는 것이 있으므로 주의가 필요하다.

흙덩이의 두께가 10 m 정도 이하의 얕은 활동에서는 오히려 $c = 0$으로 하여 결과적으로 저수의 영향을 크게 보는 계산 방법이 타당하다.

또 세상에 널리 유통하는 안정계산 소프트웨어 중에는 저수지 수위 저하 시의 잔류 간극수압이 잘못 자동 계산되는 것도 있으므로 계산과정과 결과의 확인이나 수계산에 의한 확인을 게을리하지 않고 때로는 답을 확인하여 볼 것을 권고한다.

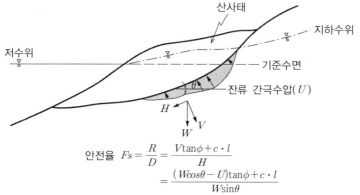

안전율 $Fs = \dfrac{R}{D} = \dfrac{V\tan\phi + c \cdot l}{H}$

$\qquad\qquad\quad = \dfrac{(W\cos\theta - U)\tan\phi + c \cdot l}{W\sin\theta}$

- H : 접선 방향의 분력
- V : 법선 방향 분력
- W : 흙덩이의 중량
- U : 간극수압에 의해서 생긴 단위 폭당의 토압
- l : 활동면의 길이
- ϕ : 활동면의 내부 마찰각
- c : 활동면의 점착력
- θ : 활동면의 중점과 활동원의 중심을 연결하는 직선과 연직선이 이루는 각

그림 4.3.2 산사태의 안정계산

또한 활동 계산에서 자주 눈에 띄는 오류는 최소 안전율의 원호를 추출하여 이것을 토대로 대책공의 설계를 하고 있는 것이다. 대책공 설계에서는 계획 안전율을 만족하는 최대 억지력을 필요로 하는 원호를 추출하여야 한다. 오해가 없도록 주의가 필요하다.

참고문헌

1) 貯水池地すべりの調査と對策, (財)國土開發技術センター (1996)

사실은 잘 알지 못하는 지진과 지반의 관계

일본이나 해외의 피해 사례로부터

　최근 세계적으로 거대한 지진이 많이 발생하여 주거지나 구조물 등의 도괴나 토사 재해 등 사람들의 생활에 큰 피해를 미치고 있다. 큰 지진해일을 발생시킨 인도네시아의 지진, 중국 내륙부의 지진, 터키의 코쟈에리 지진 등이 기억에 새롭다. 일본에서도 예외는 아니며 막대한 피해를 초래하여 지진에 대한 사고방식을 크게 바꾸는 계기가 되었던 한신阪神 · 아와지淡路 대지진 이후도, 토호쿠東北, 호쿠리쿠北陸(쥬에츠中越, 쥬에츠中越 앞바다, 노도能登), 큐슈九州(후쿠오카福岡) 등에서 거대 지진이 다발하고 있다.

　일단 거대한 지진이 발생하면 진원으로부터 넓은 범위에 걸쳐 막대한 피해가 미친다. 지진에 의한 피해는 대체로 진원에 가까울수록 크지만 생각 밖으로 멀리 떨어진 장소나 특정 지역에만 집중하는 경우도 있다. 이와 같은 경우는 그 장소의 지반에 원인이 있다고 추측되지만 지진이 지반이나 구조물에 피해를 주는 메커니즘은 사실은 명확하게 규명되어 있지 않은 것이 사실이다. 지진 전체의 매크로한 메커니즘은 알고 있다고 해도 그것만으로는 설명이 되지 않는 현상이 많이 있다. 필자의 견문을 바탕으로 해외·일본에서의 원인이 확실히 알려지지 않은 지진 피해의 예를 소개한다.

1. 국부적인 피해 집중

터키 코쟈에리 지진(1999년 : M7.4)은 코쟈에리 시(중심부는 이즈미트) 직하의 단층이 활동하여 1만 5천명 이상이 사망하게 되었던 큰 지진이다. 터키 최대의 도시 이스탄불 시는 진앙으로부터 100 km 정도 서쪽에 해당하지만 아부지랄 지구만을 제외하고 대부분 피해는 없었다. 아브지랄 지구는 이스탄불 시의 중심부로부터 서쪽으로 20 km 정도 떨어져 있어 이스탄불 시 중에서도 진앙으로부터 가장 멀리 떨어진 위치에 있다.

아브지랄 지구에서는 철근 콘크리트조 중고층의 집합 주택이 여러 채 도괴하여 2천 명 정도의 사망자가 나왔다. 또 이곳에 있는 이스탄불 대학의 캠퍼스는 학교 건물의 수리를 위해 반년 이상 수업을 할 수 없었다. 왜 여기에만 피해가 집중하였던 것일까.

아브지랄 지구는 표고 100 m를 넘는 언덕 위에 있어서 이스탄불 시 중에서는 신제3기의 퇴적물이 가장 두껍게 분포하고 있다. 그 지층은 일본으로 말하자면 오사카大阪층군이나 카즈사上総층군 정도의 고결 정도이며 지반으로서의 문제는 없으나 지진파의 전달 방법을 고려하는 데 주의가 필요하다. 신제3기의 퇴적물 두께는 아브지랄 지구에서는 400 m 이상에 달한다.

또 아브지랄 지구 주변에 한하여 신제3기층을 관통하고 있는 단층이 집중하고 있다. 단층에 의한 지층의 변위가 커지면 기반인 고제3기의 석회암 상면에는 큰 단차가 생기고 있을지도 모른다. 아브지랄 지구 주변의 지역은 다른 지역에 비해 500만 년 전 이후의 융기가 심한 곳으로 되어 있다.

더욱이 아브지랄 지구에는 지금은 활동하고 있지 않은 오래된 거대한 산사태가 많이 있다. 아마 산사태가 생긴 것은 지중해가 완전히 말라붙어 해수면이

저하된 500~600만 년 정도 전이었을 것으로 추정된다. 현재 움직이고 있는 산사태도 있으므로 그 위에도 주택이 있었던 것이 산사태지의 피해가 특히 많았던 이유이다. 그 고장의 지질 컨설턴트인 타히르 씨는 '아브지랄의 미스터리'라 부르고 원인은 지하 심부의 영향이 큰 구조에 있을 것이라고 하였다.

한편 이 지구가 도시화된 즈음 건설된 건축에 문제가 있었다고 하는 의견도 있다. 그러나 아브지랄 지구에서 팬케이크 크래시(pancake crash)라 불리는 도괴를 일으킨 건물은 이스탄불 시내 어디에서도 보통으로 눈에 띄는 것과 외견은 변함이 없다. 오히려 구시가나 신시가라 불리는 중심부에는 건축 후 100년, 200년 이상의, 그야말로 내진성이 없을 것 같은 건물이 지진 후에도 많이 남아 있다. 아브지랄 지구에만 내진성이 없는 건물이 집중하고 있었다고는 생각되지 않는다.

이스탄불 중심부의 16~17세기에 건설된 쟈이미(모스크)에는 높이가 50 m를 넘는 미나렛트(첨탑)가 솟아 있다. 언덕 위에 늘어선 쟈이미의 돔과 공중에 늘어진 미나렛트는 이스탄불을 상징하는 풍경이다(사진 4.4.1). 돌을 쌓아 올린 미나렛트는 지진에는 가장 약한 구조물처럼 생각된다. 묘석의 전도로부터 지진의 가속도를 추정하는 방법을 단순히 적용시키면 0.05G 정도에서 무너져도 불가사의한 것은 아니다. 그러나 돌을 쌓아 올린 미나렛트는 코쟈에리 지진 때도 무너지지는 않았다. 반대로 최근 만들어진 철근 콘크리트로 만든 미나렛트 중에는 무너진 것도 있었다. 석조의 미나렛트는 무너지지 않고 철근 콘크리트의 미나렛트가 무너진 것은 또 하나의 미스터리일지도 모른다.

사진 4.4.1 이스탄불의 쟈이미(모스크)와 미나렛트(첨탑) (코쟈에리 지진에 의한 피해는 없었다.)

아브지랄 지구로 이야기를 돌려보면 왜 여기에만 피해가 집중하였던 것일까. 앞서 기술한 것처럼 누구나가 납득할 수 있는 이유는 발견되지 않았다.

몇 개의 지진으로, 진앙으로부터 멀리 떨어진 장소에서, 국부적으로 큰 가속도의 지진동이 관측된 사례가 있다. 예를 들면, 토카치十勝 앞바다 지진(2003년 : M8.0)에서는 진원으로부터 멀리 떨어진 토마코마이苫小牧에서 석유 탱크가 슬로싱(sloshing)을 일으켜 화재가 발생하였다. 연약한 지반에서 증폭된 주기 10초 전후의 지진파에 가속도는 작아도, 탱크 내의 석유가 공진된 것으로 되어 있다. 또 멕시코 지진에서도 진원으로부터 100 km 떨어진 멕시코시티 시의 일부, 호수를 매립한 연약 지반이 두꺼운 지역에서 큰 피해가 발생하였다. 위의 두 가지의 사례는 연약 지반이 두꺼운 것이 확실하므로 이해하기 쉽다.

이와 유사한 현상이 좀 더 복잡하게 아브지랄 지구에 일어났을 지도 모른다. 특수한 지질 구조가 약간 주기가 긴 지진파를 만들어내어 그것에 공진된 건물이 큰 피해를 받았을 것이라고 상상된다. 수초 정도의 주기이면 도괴된 건물이 공진했다고 해도 납득할 수 있다. 이 지역의 건물은 일본의 철근 콘크리트의 건물에 비하면 기둥이 가늘고 적다. 따라서 고유 주기는 길 것으로 보인다.

지진파의 강도라 하면 최대 가속도가 주목된다. 그러나 실제로 발생하는 피해는 그것에만 의존하지는 않을 것이다.

코쟈에리 지진을 일으킨 북아메리카 단층은, 세계에서도 유수의 활단층이다. 동서로 연장된 단층의 동부, 엘진쟌에서 M8의 대지진(1939년)이 일어나고 나서 단층을 따라서 동으로부터 서로, 순차적으로 진도 10을 넘는 지진을 일으켜 왔다. 그 다음에 코쟈에리 지진이 발생하였다. 다음은 그 서쪽, 이스탄불 눈앞의 말마라해의 해저에 연속하는 단층 중, 끊어져 남아 있는 100 km 이상의 부분이 활동하여 가까운 장래에 지진을 일으킬지도 모른다. 실제로 그렇게 단순하지는 않겠지만 역사를 되돌아보면 머지않아 이스탄불도 지진에 휩쓸릴 가능성이 있을 것으로 필자는 생각한다.

이스탄불의 지형·지질은 다양하고 제3기층만이 아니라 고생층도 널리 분포하고 화강암도 있다. 이스탄불에서 지진이 발생하면 지하의 지진 구조와 지반의 구조물의 특성은 어떠한 곳에서 어떠한 피해를 초래할 것인가. 흥미는 끝이 없다.

2. 지진 시에 활동하는 산사태란

쥬에츠中越 지진(2004년 : M6.8)에서는 이모芋川강을 막은 천연댐 등, 대규모 산사태에 의한 붕괴가 다수 발생하였다. 이 지역에는 신제3기 상부로부터 갱신세 하부의 퇴적암, 사암, 응회암, 이암 등이 분포하고 있으며 지진 전부터 많은 산사태 지형이 확인되고 있었다. 특히 이암 지역에는 완전한 거대한 산사태 지형이 서로 겹치듯이 퍼져 있고 그 위에 계단식 밭이나 비단잉어 양식지가 만들어져 있었다. 비탈면을 둑으로 에워싼 양식지는 쥬에츠中越 지진에 의해 그 대부분이 붕괴되어 버렸다(사진 4.4.2).

사진 4.4.2 쥬에츠中越 지진으로 붕괴된 산사태(복구 공사 후) (활동면이 되었던 지층 경계가 노출해 있다.)

사진 4.4.3 이와테岩手 미야기宮城 내륙 지진에서의 비탈면 붕괴(식생을 포함한 원지반이 대규모로 붕괴하여 암반이 노출되고 있다.)

그런데 쥬에츠中越 지진에 의해 활동한 산사태는 비교적 단단한 사암이나 응회암이 분포하는 지역이었던 것을 알고 있는가. 봄의 해빙기에 활동하여 매년 대책을 세워야 하는 일반적인 산사태는 활동면이 점착력 강한 점토로 되어 있으나 지진 시에 활동한 산사태는 다소 다른 성상을 가지고 있었던 것이다.

일본 토목학회의 연구보고서에 제시된 시험 결과에 의하면, 활동된 산사태 흙덩이로부터 채취된 흙은 점토분의 함유량이 적고(많은 것은 10% 정도) 점착력이 없는(소성지수 I_p는 20% 이하) 모래 또는 실트였다. 전형적인 산사태에서 볼 수 있는 대부분 점토로 이루어진 흙덩이와는 성상이 다르다. 지진에 의해 발생된 활동은 활동면이 액상화되었거나 액상화와 비슷한 강도저하에 의한 것일 것이라고 필자는 생각하고 있다.

나가노長野현 서부 지진(1984년), 한신阪神·아와지淡路 대지진(1995년)에서도 발생된 붕괴 활동면으로부터 채취된 시료의 시험·분석 결과로부터 활동면이 액상화되었거나 액상화와 비슷한 강도저하가 일어났을 것으로 생각되고 있다. 나가노長野현 서부 지진의 경우는 세립의 경석을 포함한 화산회가 활동면으로 되어 있었다. 이 화산회는 지진에 의해 크게 강도가 저하하는 것이 확인되어 있다.

쥬에츠中越 지진에서는 의외로 이암 지역의 거대한 산사태는 활동하지 않았다. 길이 수백 m의 산사태가 1~2 m 이동되었다고 하는 것은 있었으나 다른 피해의 쪽이 훨씬 커서 주목받게 되는 것이 없었다. 노도能登반도 앞바다 지진(2007년 : M6.9)도 산사태 집중 지역에서 발생된 지진이다. 마찬가지로 이암의 분포 영역에 있어 점토분이 많은 산사태는 노도能登반도 앞바다 지진 시에는 대부분이 활동하고 있지 않았다.

아무래도 지진 시에 활동면이 액상화하여 활동을 일으키는 산사태와, 일상적으로 활동하는 점토분이 많은 산사태와는 구분하여 생각해야 할 것 같다.

일반적인 이암 지역의 산사태가 일상적으로 조금씩 활동하여 명확한 산사태 지형을 만들어 온 것은 쉽게 이해할 수 있다. 한편으로 쥬에츠中越 지진으로 활동된 산사태의 대부분도 지진 전에도 완전한 산사태 지형을 보이고 있었던 것이다. 그중에는 산사태 지형이 명확하지 않고 초생 산사태로 볼 수 있는 것도 있었으나 그것은 암반이 이완하고 있었던 증거가 나타나고 있는 것인지도 모른다.

쥬에츠中越 지진 시에 발생된 산사태가 지진 시에만 활동한다고 하면 과거의 지진에서도 활동하였음에 틀림없다. 지진 전의 산사태 지형은 과거의 지진 시에 활동한 흔적이 지형에 남겨져 있었다는 것이 된다. 그러한 방식으로 고려하여야만 되는 산사태 지형은 일본 내에 분포하고 있을 것이다. 당연한 일이지만 오랜 사이에 지진은 몇 번이나 반복하여 일어나고 있기 때문이다.

Column 거대 지진과 대규모 토사 재해

'거대 지진이 올거야!'라고 주장한지 오래다. 일본에서는 쥬에츠中越 지진, 이와테岩手현 남부 지진 등 내륙 지진, 스루가駿河만 지진, 외국에서는 쟈바섬 서부, 중국 사천 대지진 등 거대 지진이 빈발하여 확실히 일본으로의 거대 지진의 발소리는 확실히 커지고 있는 중이다.

거대 지진＝가옥 도괴나 고속도로 등의 인프라의 손상·화재라는 이미지가 정착해 있으나 이것은 대도시권에서의 지진 피해의 한 측면이며 특히 일본과 같이 연약 지반이 탁월한 임해저지에 인구가 밀집한 나라의 지진 피해의 전형이다. 한편 내륙부에서의 거대 지진에서는 오히려 산지의 전답이나 깎기로 개발된 택지 주변의 쌓기 붕괴, 산지 비탈면이나 산체 자체의 대규모 붕괴와 이것에 의한 하천의 막힘(하도 폐색, 천연 댐 형성)이 눈에 띈다. 천연 댐은 인공 댐과는 근본적으로 달라 안전성 등이 없는 것이나 마찬가지다. 저수가 월류하면 무너져 다량의 토사가 섞인 대량의 물이 격류가 되어 하류로 덮친다. 일단 재해로 천연 댐이 생겨 버리면 땅을 파서 저수를 방류하거나 저수지를 메워 수로를 신설하여 물을 안전하게 하류로 흘리는 등 그 규모에 따른 대책을 서두르지 않으면 안 된다.

불안정 비탈면은 일본 전국에 이르고 있으나 다수는 충분한 대책이 되어 있지 않다. 실제 그 전부에 대책을 강구하는 것은 불가능하다. 그러나 내륙에서의 대지진이 있으면 대지진의 일부는 대붕괴와 토사 재해를 야기한다. 그것에 따라 하도 폐색이 일어나면 더욱더 큰 토사 재해로 발전한다. 피해의 확대를 막기 위한 방책은 한시라도 빠른 토목적 초동 대책이지만, 유감스럽게도 그것을 담당해야 할 지방의 토목 관련 산업은 현재 괴멸 상태에 있다. 재해 복구도 2차 재해의 방지 공사도, 중장비와 그것을 지위할 현명한 토목 기술자가 없으면 불가능한 일이다.

동서고금에서 국민의 생명·재산, 국토를 지키는 기간 산업으로서의 '토목'을 버린 나라가 번창한 예는 없다. 필자는 이른바 베이비붐 세대의 일원이다. 현재 사회의 기초를 쌓아온 베이비붐 세대에게는 땅에 발을 딛고 서서 이 나라의 장래를 내다볼 의무가 있지 않을까.

제5장　끝이 없는 전문가의 길

매사를 진행함에 있어서 그 길의 권위 있는 사람이 하는 방법이나 매뉴얼을 따르면 편하고 실패해도 책임질 일은 없을 지도 모른다. 최신의 소프트웨어나 하드웨어를 사용하면 곧바로 답이 나올지도 모른다. 그러나 매뉴얼의 전제나 본질, 소프트웨어나 하드웨어의 블랙박스화된 부분을 바르게 이해하여 검증하지 않으면 큰 실수를 저지르게 된다.

　　본 서에 작성되어 있는 전문가의 지혜가 모든 현장에 적용될 수 있다고 할 수는 없다. 매뉴얼이나 전문가의 지혜를 대상이 되는 현장에 적용할 수 있을까, 좀 더 다른 방법은 없을까, 현장에서, 책상에서 몇 번이나 재작업을 하면서 머리를 써서 몹시 고생한다. 그 다음에야 말로 지질의 참모습이 나타날 것이 틀림없다. 전문가의 길에 끝은 없다. 전문가가 된 마음에서도 아직도 출발 지점을 우왕좌왕하고 있는 지도 모른다. 진행하는 것도 머무르는 것도 본인 마음, 괴로워도 앞으로 나아가는 길을 선택하고 싶은 것이다.

전문가를 목표로 계속 걷는 기술자

시추한 것을 늘어놓는 것만으로는
지질도로는 되지 않는다

지질적인 고찰 없이는 그릴 수 없는 지질도

1. 시추공 사이를 잇는 어려움

'베이비붐 세대'의 기술자가 대량으로 정년을 맞아 '기술의 계승'이 큰 문제가 되고 있다. 베테랑 기술자의 머릿속에 있는 노하우를 기록하여 남기고 지도자로서 젊은 기술자를 지도하는 등의 대처가 이루어지고 있으나 다음의 문장이 신경이 쓰였다. '경험 풍부한 기술자를, 계측 기술이나 IT 기술을 사용하여 보완한다'라는 것이다. 과연 '기술자'의 감각을 수치화하여 실시간으로 상황의 계측과 전달할 수 있게 된다면 그것은 균질한 공업 제품을 다루는 공장이라면 가능할지도 모른다.

그렇다면 토목 현장에서는 어떨까. 아무리 중장비를 자동화하여도 토대가 되는 지질도가 틀린다면 설계도대로 원지반을 굴삭하여도 목적을 완수할 수 없다. 조사 수량을 늘리거나 신기술을 개발하면 가능할 것처럼 생각하겠지만 어떠한 신기술이 개발되어도, 조사 수량이 증가하여도, 지질 기술자의 지식이나 경험 없이는 정확한 지질도의 작성은 불가능할 것이다. 아무리 시추를 많이 실시하여도 결과를 늘어놓는 것만으로는 정확한 지질도가 완성될 수 없기 때문이다. 반복하여 기술해온 바와 같이 지질은 매우 복잡한 자연현상이기 때문에 조사를 통해 알 수 있는 것은 조사 대상에 비하면 점이나 선 정도의 미미한 것이다. 시추공과 시추공의 사이는 예를 들어 1 m 간격이라도 기계나 계산기로서 단순히 연결하는 것이 불가능한 거리인지도 모른다.

2. 시추한 것을 늘어놓는 것만으로는 지질도가 되지 않는다

평야부나 하상부의 토질은 암반에 비하면 비교적 단순하다고 생각하기 마련이지만 결코 그렇지 않다. 예를 들어 단순한 토질 구조였다고 해도 지질 기술자의 역량이 부족하면 바른 지질도를 얻을 수 없다.

(1) N 값이 다른 점성토층

어느 사례를 소개해보자. 그림 5.1.1의 단면도를 보라. 위의 그림이 시험 값만으로 그려져 있는 지질도, 아래가 수정 후의 새로운 지질도이다. 위쪽의 그림은 시험 값(N 값과 입도)만으로 동일한 값을 나타내는 것을 단순히 가로로 연결한 것이지만 아래 그림에서는 화산회의 분포와 오래된 하천의 흔적을 정성껏 추적함으로써 복수의 점토층이 존재하고 있는 것을 명확히 하고 있다. 위쪽 그림에서 가장 풀기 어려운 것은 점성토층의 N 값을 0~30 이상으로 일괄적으로 나타내고 있는 점이다. 토목 구조물의 설계는 '동일한 지층(혹은 암반등급)'이면 서로 비슷한 공학적인 성상을 보인다'라고 하는 전제에서 시행되는 것이지만, N 값이 0과 30에서는 공학적으로 상당히 큰 차이가 있다. 아마 위 그림에서는 'N 값이 0을 나타낸 것은 시추공을 뚫은 장소가 마침 연약한 부분이었기 때문일 것이다. 점토층 전체는 구조물의 기초 지반으로서 충분'하다는 해석을 바탕으로 점성토층을 일괄적으로 나타내고 있는 것으로 생각되지만 잘못된 지질도를 토대로 토목 구조물이 설계된다면 위험한 일이 될 수밖에 없을 것이다.

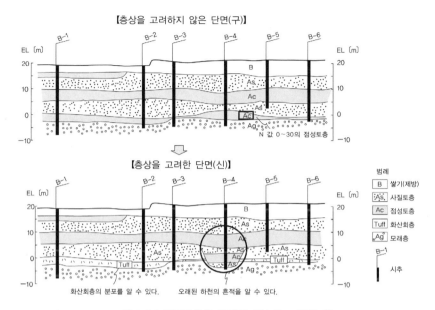

그림 5.1.1 점성토층은 정말로 연속하고 있을까?

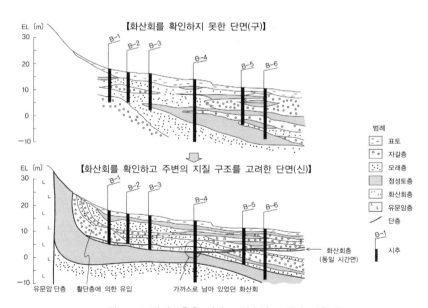

그림 5.1.2 점성토층은 정말로 연속하고 있지 않을까?

(2) 화산회(테프라, tephra)*로부터 해명한다

마찬가지의 예로서 그림 5.1.2의 위쪽 그림은 토질 구분을 토대로 작성된 지질단면도이다. 이 단면도에서는 단순히 이웃한 시추공의 유사 부분을 연결하여 점성토층과 사력층의 호층으로 해석하고 있으나 지층의 기울기가 일정하지는 않고 역경사가 있는 등 기묘한 단면도로 보였다. 본 사례에서는 이 단면도로부터 지하수 해석에 사용하는 모델링을 하였지만 모델링에서는 특히 불투수층인 점성토층의 연속성이 열쇠라고 생각하여 점성토층의 연속성을 정확히 파악하기 위해, 조사지 전체의 지질 구조 발달사를 검토하였다. 간신히 남겨져 있었던 중앙부 부근의 시추공 1공의 코어에서 퇴적 모양의 재검토나 화산회(테프라)의 확인, 지하수의 통로를 나타내는 다갈색 변색부 등을 확인하였다. 재검토된 코어와 다른 시추공의 기재 사항을 대조해보면서 지형 판독으로부터 고찰된 지형 발달사, 델타 프론트에서의 퇴적상의 변화 등을 고려하고 동일 시간면인 테프라의 형상에 요철이 적은 것에 주의가 상기되었다. 따라서 점토층 등은 단순히 횡방향으로 연결되지는 않고 층상이 변화한 것이라는 결론에 도달한 것이다.

또 지표수의 침투 방향과 사력층의 활단층에 의한 끌림이 관련되어 있을 가능성이 있었으므로 주변의 단층 노두의 상황으로부터 단층 부근의 습곡 구조를 기재하고 지하수 해석을 목적으로 한 모델링을 하였다. 그것이 아래의 단면도이다. 지질 구조를 바르게 이해할 수 있었기 때문에 수리 지질 구조도 알기 쉽게 설명할 수 있었다고 생각하고 있다.

3. 컨설턴트의 역할

올바른 지질도를 발주자나 토목 기술자에게 제시하는 것이 지질 기술자의 업무이다. 당연한 일처럼 느껴지지만 이것이 상당히 어렵다. 한마디로 지질 기

---

* 화산회(테프라, tephra) : 화산회는 단시간에서 넓은 범위에 퇴적하므로 동일 시간면을 나타내는 지표로 된다.

술자라고 해도 회사나 개인에 따라 전문 분야가 다르며 또 경험에도 차이가 있다. 어느 '회사'의 '누구'가 주도권을 가지는가는 중요하지 않으며 '그 현장의 과제가 무엇인가', '무엇이 명확해졌던 것인가', '남은 문제점은 무엇인가'를 다음 단계로 정확히 전달할 수 있는가가 중요하다.

앞서 기술한 예로서 말하면 사실은 '코어에 테라프는 없다'가, 진실은 '사실은 테라프가 있었으나 채취 시에 유실되어 버렸다'일지도 모르고 '테라프는 원래 그곳에 퇴적하고 있지 않았다' 또는 '테라프는 퇴적하였으나 침식되어 없어졌다'일지도 모른다. 혹시 '관찰 시에 부주의하여 누락해버렸다'라는 경우도 고려된다. 그와 같은 경우 그 시추 코어만으로 결론을 내지는 말고 주변의 지형 지질 상황으로부터 추측하여 진실에 가깝게 하는 것이 중요하다. 물론 시추를 추가하거나 별도의 조사 방법을 제안하는 것이 필요한 경우도 있다. 추가적으로 그 결과를 발주자나 토목 기술자에게 전하거나 설명할 수 있는 것이 중요한 것이다.

다만 시추를 그대로 가로로 연결하여 나타내는 것은 결과의 나열에 지나지 않는다. 애당초 그것은 지질도가 아니며 토목 기술자에게 진실한 데이터를 전달하는 것이라 볼 수 없다. 컨설턴트의 지질 기술자는 지질 조사의 결과를 고찰하지 않고 사용하는 것은 위험성이 있다는 것을 항상 염두에 두어야 한다. 또 다양한 조사 결과로부터 지질 구성, 층서層序나 구조로부터 그 지반의 생성 과정을 고찰하고 물성의 타당성을 검증하여 토목 기술자의 설계에 사용할 수 있으며 안전한 토목 구조물의 구축을 보장하는 지질도를 작성하지 않으면 안 된다.

지질에 국한하여 말하면 기술은 강의만으로 몸에 익히는 것은 불가능하고 기계의 진보로서 대처할 수 있는 것도 아니다. 특히 안전하고 풍부한 생활을 지탱하는 '토목' 현장에서는 점이나 선으로부터 전체 모양을 파악할 수 있는 기술자, 풍부한 경험으로부터 잠재하는 문제를 찾아내어 정확한 해결책을 제안할 수 있는 기술자, 조사 결과를 정확히 다음 단계로 전달할 수 있는 기술자, 지질 기술자를 포함하여 유능한 컨설턴트가 반드시 필요한 것이라고 확신하고 있다.

필수적인 조사가 있다

경험이 초래하는 위험한 '믿음'

1. 예측이 벗어나는 이유

　각종 토목 구조물에서는 계획에서 설계까지의 다양한 단계에서 조사나 검토가 실시된다. 구조물 설계는 조사나 검토 결과를 토대로 원지반의 성상을 예측한 다음에 시행되지만 막상 시공이 시작되면 원지반의 성상이 예측과 달라 설계 변경을 할 수밖에 없는 경우가 많이 있다. 시공 단계에 변경이 생긴 경우에는 공정이나 비용 확보 등의 문제로 고생하게 되므로 설계 단계에서는 충분한 조사와 검토가 실시되어야만 한다. 그럼에도 불구하고 원지반의 성상이 예측과 다른 것은 전혀 예상치도 못한 또는 예측 곤란한 복잡한 지질 현상에 원인이 있는 경우가 많다. 이 경우에는 인간의 지혜를 넘는 자연의 신비로움에 감탄하며 포기할 수밖에 없다. 그러나 담당 기술자의 믿음 등에 의한 판단 실수가 원인이 되는 것도 있다.

　동남아시아에 건설된 수력 발전용 필댐에서의 '아뿔사!'라고 하는 사례를 소개한다. 이 실패 예로부터 '필수적인 조사'가 있는 것에 대해서 살펴보자. 축구 감독의 말에 '패전에서조차 배워야 할 것이 있다'라는 말이 있다. 실패 예에는 많은 교훈이 숨겨져 있다. 실패를 잊어버리지 않고 배우는 것이 '전문가'의 길이다.

2. 경험으로 보완한 조사

먼저 그림 5.2.1의 댐축 종단면과, 사진 5.2.1의 댐 사이트 좌안 비탈면의 상황을 살펴보자. 하천이 좌안 근처로 유하하고 있기 때문에 댐의 지형이 비대칭인 형상을 나타내고 있으며 우안 측에는 화강암이, 좌안 측에는 호온펠스*가 분포하고 있다. 1차 조사 결과로부터 우안에 분포하는 화강암은 풍화토화된 부분이 두껍고 또 장소에 따라서 심층 풍화도 현저할 것이 추정되므로 주의해야 할 것으로 생각하였다.

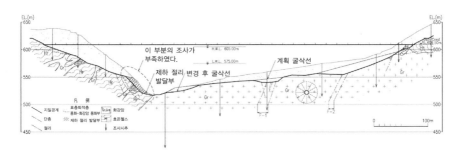

그림 5.2.1 댐 사이트의 종단면(화강암 기원의 화강암 풍화토가 두껍게 분포하는 완구배의 우안과, 치밀하고 견고한 호온펠스로 이루어진 급경사의 좌안 비탈면)

---

* 호온펠스 : 주로 이암이나 실트암 등의 세립인 퇴적암이 화성암의 열 변성에 의해서 재결정화된 굳고 단단하며 치밀한 변성암. 일반적으로 검은색을 나타내며 명칭처럼 각진 균열을 나타낸다. 당 사이트의 경우는 화강암의 관입에 의한 열에 의해서 굳고 단단해져서 고화되어 있다.

사진 5.2.1 댐 사이트 좌안의 굳고 단단한 호온펠스 노두(좌안의 댐 어버트부에는 덩어리 모양·굳고
단단한 호온펠스가 높이 40 m, 상하류에 200 m에 걸쳐 연속 노출한다.)

한편 좌안 측의 호온펠스는 급한 절벽을 이루고 게다가 지표에는 해머의 타
격으로서 불꽃이 튀는 굳고 단단하며 치밀한 암석이 전면적으로 노출하고 있
었다. 이 때문에 좌안 측의 암반은 대단히 양호하며 기초 굴삭은 대부분 필요
없을 것으로 생각하여 이 부분에 대해서는 2차 조사를 하지 않고 건설에 들어
갔다.

경험이 풍부한 기술자라면 지표 답사나 초기 시추 조사가 진행된 단계에서
어느 정도 원지반 상황을 추정하여 어디에 큰 문제가 내재하고 있을까 예측할
수 있는 것이다. 이 사례는 '부족한 조사를 지금까지의 경험으로서 보충하였다'
는 것이다. 비용 절감이 강력히 주장되는 요즘, 견본이 될 수 있는 사례라고도
할 수 있는 이야기 같지만 막상 기초 굴삭을 시작하고 나서 생각지도 못한 지질
현상에 마주쳐 버렸던 것이다.

3. 굴삭하여 나타난 제하 절리와 이완

댐의 기초 굴삭은 우안 측의 산체 정부頂部로부터 개시되어 하상 방향으로 향
하여 굴삭을 진행하고 순차 좌안도 정부頂部로부터 하상河床으로 향하여 깎아 내

리고 있었다.

우안에 대해서는 예측한 대로 화강암 풍화토부가 두껍게 분포하고 있었다. 단층 주변에서 화강암 풍화토화된 부분이 두껍고 또 판 모양의 굳고 단단한 화강암 하부에도 10~20 cm 정도의 화강암 풍화토 박층이 분포하고 있었으므로 추가 굴삭을 하였지만, 우안 측이 완경사의 지형을 나타내고 있는 것도 있어서 굴삭량이나 쌓기 수량에 다소의 증대는 있어도 기초의 차수 등은 큰 문제로는 되지 않았다.

그렇지만 아무 문제도 없을 것으로 생각하고 있었던 좌안에서는 하상으로부터 비고가 40 m 정도로부터 하부에서 예상하지 못했던 원지형 비탈면에 평행한 균열, 시팅 조인트除荷節理*의 발달이 현저히 확인되며 게다가 그 균열을 따라서 이완하고 있는 것이 판명된 것이다(사진 5.2.2). 호온펠스 자체는 괴상으로 굳고 단단하여도 그 배면에 지표와 평행한 절리(분리면)가 있기 때문에 필댐에서 가장 중요한 차수 코어존의 기초 암반으로서 그대로 남겨둘 수는 없다고 판단하였다.

(a)

---

* 시팅 조인트(제하 절리, seating joint) : 딱딱한 암석이 그 상부를 덮은 암체의 침식에 의한 주로 제하 작용에 의해서, 지표면과 평행 내지는 조화적으로 생성된 복수의 판 모양의 균열.

(b)

사진 5.2.2 좌안 급사면부에 나타난 이완된 제하 절리면[사진 (b)의 중앙에 박힌 스케일은 10 cm]

이 때문에 기초 굴삭면, 특히 코어 부지의 지질 정밀 조사를 하여 균열의 위치나 주향·경사, 이완의 유무, 이완의 정도 등을 명확히 하였다. 더욱이 현장에서 가동하고 있었던 발파공 굴삭용 크롤러 드릴을 사용하여 깊이 10~15 m까지 굴삭하고 심부의 이완 상황을 확인하였다. 다만 크롤러 드릴로는 코어를 채취할 수 없으므로 현장에서 진행 속도, 절삭조각(cuttings), 굴삭음 등으로부터 지질 상황을 유추하였던 것이다. 그 결과에 의해 굴삭 제거 범위를 설정하여 재굴삭하였다.

굴삭 후에 투수 시험과 그라우팅을 하고 더 이상 굴삭면에 개구 균열이나 점토화대 등이 분포하지 않는 다는 것을 확인한 다음에 록볼트 등의 암반이완 방지 장치를 사전에 조치하는 등의 작업을 통해 기초의 차수성을 확보하고 암반의 일체화를 도모하여 쌓기 전의 착암면 처리를 충분히 하였던 것이다. 시공 시에 발생된 문제에 대한 대책이 이처럼 대규모이고 엄청난 것이 되었던 점이 몹시 가슴 아픈 일이었다.

4. 검증을 게을리하지 말 것

댐 사이트의 문제점을 간과하여 잘못했던 '믿음'은 이하와 같은 것이다.

① 지형적으로 급한 절벽을 이루는 장소는 양호한 암반일 것이다.
② 풍화하기 쉬운 것은 화강암이며 호온펠스는 열 변성에 의해서 치밀하며 굳고 단단하기 때문에 기초 암반으로서 양호할 것이다.
③ 지표에 굳고 단단한 암반이 육안으로 확인가능하고 임의 폭을 가지고 연속적으로 노출하여 있으면 그 하부에는 지표보다 신선한 암반으로 되어 있을 것이다.
④ 댐축에 연하여 실시된 시추에서는 표층으로부터의 풍화대는 존재하지만 심부에는 현저한 열화대는 확인되지 않았다. 따라서 좌안의 급한 절벽부 주변에도 열화부는 없을 것이다.

깨달은 사람도 있을 것으로 생각하지만 이러한 '믿음'은 '전문가의 지혜'로 통할 뿐이다. 그렇다면 왜 판단을 잘못해버렸던 것인가. 그것은 경험 법칙으로 보충하는 가설의 검증을 게을리하였기 때문임이 틀림없다. 구조물의 조사와 설계 시에 검증해야 할 '필수적인 조사'란 다음과 같다.

① 노두만으로 암반의 좋고 나쁨을 판단하지 않는다(지표 노두가 좋아도 안심하지 않는다. 역으로 나쁜 경우에는 그 성상과 분포 범위를 확인하고 나쁘다는 것을 염두에 둔 설계나 시공 방법을 검토한다).
② 특히 댐이나 중요한 구조물의 기초에 대해서는 시추·보어홀 텔레뷰어(이것은 해외에서는 용이하게 입수하기 어려운 점도 있으나), 필요하면 정성껏 투수시험이나 공내의 현위치시험 등을 실시하여 심도 방향에서의 암반의 좋고 나쁨을 확인하여 둘 필요가 있다. 이번의 실패 예에서는 굳고 단단해 보이는 좌안의 급한 절벽부에서도 연직 또는 경사 시추 등에

의해 심부의 지질 상황을 확인해야 하는 것이다.

③ 터널 건설에서의 갱구부나 토피가 얇은 개소·지질 구조상 편압 등이 예상 되는 개소, 교량 건설에서의 교대·교각 기초 등에 있어서도 마찬가지이다. 이러한 각종 구조물의 주요한 기초에 대해서는 반드시 시추나 입갱·횡갱 등 직접 암반의 좋고 나쁨을 확인할 수 있는 조사를 해두어야 한다.

④ 조사 시에는 구조물의 직접적인 기초가 되는 위치 외에, 지층 또는 지질 구조가 변화하는 개소, 단층이나 변질대의 존재가 추정되는 개소 등을 조 사하여 기초 암반의 좋고 나쁨을 삼차원적으로 파악하여 두는 것이 중요 하다.

⑤ 더욱이 조사 성과에 따라서 적의 계획의 재검토나 설계·시공의 수정 등 을 한다.

5. '전문가의 비법'과 '믿음'은 종이 한 장 차이

상기의 실패와 유사한 사례로서 예를 들면 크레인선에 의한 송전선 접촉에 의한 도쿄의 대정전 사고가 생각난다. 이 사고에서는 시공체제, 담당자의 가공 전선에 대한 인식, 작업 순서의 철저 부족 등 다양한 요인이 내재하고 있었던 것으로 생각되지만 사고를 발생시킨 크레인 붐의 상승 작업에 대해서는 필요 한 현지의 상황 확인을 게을리해서 지금까지의 경험에 의해 문제가 생기지 않 았다고 믿고 있었기 때문은 아닐까. 최근 다발하고 있는 각종 사고에 대해서도 '믿음' 또는 '선입관'에 따라서 문제가 생기고 있는 것은 아닐까.

최근 몇 년 경제성장이나 사회자본 정비가 일정한 수준에 도달하여 가치관 의 다양화나 재정난 등의 환경으로부터 건설 사업에 대해서 '좋은 것을 저렴하 게', 즉 기능·품질 및 비용의 균형을 고려하여 건설공사에서 현행의 자재, 기 자재, 공법 또는 관례적인 방법에서 벗어나 재검토하는 가치공학(VE, Value Engineering)이 추진되어 서서히 효과가 발휘되고 있다. '좋은 것을 저렴하게' 혹은 '비용 감축'이라고 하면 왠지 '저렴하게'에 무게를 두어 버리는 것 같은 풍조가 있지만 단지 저렴하기만 하면 좋은 것은 아니다. VE의 원래 의미를 생각하면 눈앞의 비용에만 사로잡히지 않고 각각의 구조물이 요구하는 기능이나 품질을 확보하기 위해 '필수적인 조사', '필요한 해석'을 한 다음에 유지 관리까지 포함된 라이프 사이클 비용을 종합적으로 검토하는 것이 중요한 것은 아닐까.

구조물의 가장 중요한 개소에 대해서는 사전에 충분한 조사 검토를 해야 하지만 조사를 했다고 해서 모든 문제가 명확히 된다는 의미는 아니다. 그것을 보충하는 것이 경험 법칙을 토대로 한 '전문가의 지혜'이지만 그렇다고 하더라도 위험한 '믿음'과 종이 한 장 차이라는 것을 잊어서는 안 된다. 조사 결과에 대해서 '어떠한 문제가 있는 것인가', '어디까지 해명할 수 있는 것인가', '무엇이 불명확하고 어떠한 리스크가 있는 것인가'를 명확히 하는 것이 중요하다. 더욱더 중요한 것은 문제점을 다음 단계의 기술자에게 조사로부터 설계, 설계로부터 시공으로 확실히 오해 없이 전달하는 것이며 이것이 각 기술자에게 주어진 사명이라는 것을 명심하기 바란다.

예측할 수 있는 것, 할 수 없는 것

지질 현상과 리스크 평가

1. 시공해보면

아무리 많은 지질 조사를 하여도 막상 시공이 시작되어 굴삭면이 노출되었을 때 예상 밖의 현상에 마주치는 경우가 있다. 아무리 시추공을 뚫어도 시추는 선의 정보밖에 없다. 연속하여 지질이나 암반 상황을 관찰할 수 있는 횡갱이나 트렌치에서조차도 매우 한정된 범위의 정보를 수집하고 있는 것에 불과하다. 지질단면도나 암반등급 구분도는 시추공과 시추공의 사이, 또는 횡갱과의 사이를 단순히 연결한 것은 아니라 사실은 지질 기술자의 기술과 경험, 통찰력을 동원하여 연결한 것이라고 해도 과언은 아니다.

시공이 시작되어 예측과 다른 것이 나타난 경우, 왜 다른 지를 반성하면서 검증하면 여러 가지 원인을 알게 되는 경우가 있다. 예측할 수 있었음이 분명한 경우도 있었지만 애당초 예측이 무리였던 경우도 있다.

2. '몸을 숨긴' 안산암맥

어느 댐 현장에서는 화강암과 안산암이 분포하고 있었다. 화강암은 댐 부지의 대부분을 차지하고 분포하고 있으며 안산암은 1~2 m 정도의 열수변질된 가는 암맥으로서 화강암 속에 관입한 정도로서 분포 범위는 제한되어 있을 것으로 예측하고 있었다(그림 5.3.1).

시공이 시작되어 기초 굴삭이 진행되어 가면서 대체로 예상하고 있었던 대로의 암반 분포를 확인할 수 있었지만 화강암의 분포 예상 범위에 20 m 폭의 경질인 안산암이 분포하고 있었던 것이다.

안산암은 노두로서 확인할 수 없었던 것이지만 시추공에서의 출현 패턴으로부터 상류 방향으로 연속하는 고각도의 구조일 것으로 조사 시에 추정하고 있었다. 이 때문에 댐 축의 상류 측(당초 계획 댐 축)에서는 경사 방향의 시추를, 더욱이 교차하도록 몇 본인가 시행하고 있었다. 교차하는 방향으로 경사 시추를 하면 20 m 정도 폭이 있는 암맥을 간과하는 경우가 없을 것이다. 또 그리드 시스템으로 누락 없이 조사를 하고 있었지만 몇몇 조사 자료를 재검토해도 그와 같은 안산암은 확인할 수 없었다. 이 의문은 기초 굴삭면 전면을 관찰할 수 있게 되어 간단히 해결되었다.

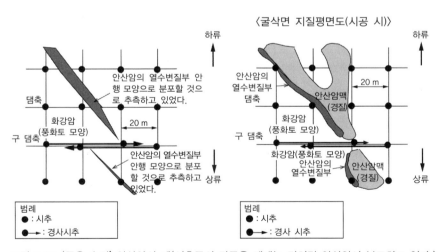

그림 5.3.1 '몸을 숨긴' 안산암의 예(시추공의 간극을 꿰매는 것처럼 안산암이 분포하고 있다.)

놀랍게도 안산암 암맥은 시추공을 '용케 피하듯'이 분포하고 있었던 것이다. 조사 그리드는 20 m 간격을 기본으로 하고 있었지만 측정된 것처럼 시추공과 시추공 사이에 안산암이 분포하고 있었다. 시추로 확인하고 있었던 점토 모양의 코어는 화강암과 안산암 경계부의 열수변질을 파악한 것에 지나지 않았다. 또 경사 시추를 하였던 상류 측에서는 지금까지 측정된 바와 같이 시추를 하였던 부분의 바로 앞에서 안산암의 암맥이 수렴하고 있었던 것이다.

경질인 안산암이 폭넓게 분포하고 있었으므로 제체 설계나 시공으로의 영향은 대부분 없었지만 만약 제체 설계상 치명적인 현상이었다면 얼마의 비용이 소요되더라도 파악해두었으면 좋았을 걸 하는 후회를 하고 있었을 것이다. 지금도 '저기에 시추를 하였더라면' 하고 생각한 적도 있지만 그리드 시스템에 의한 누락이 없는 조사를 하였고 더욱이 안산암 구조를 추측하여 경사 시추도 실시하고 있었기 때문에 그 시점에서는 가능한 최대한의 노력은 하였던 것이다.

3. 구부러진 단층

이번 사례는 주의하고 있다면 예측할 수도 있는 사례이다.

어느 댐 사이트에서 기초 굴삭을 하고 있었던 바, 좌우안의 상부에 단층 파쇄대 분포를 확인하였다. 좌우안의 단층은 주향 경사가 약간 비슷했지만 파쇄대 성상이 달랐다. 우안 측의 단층은 파쇄대가 작고 단층 주변이 갈색으로 풍화하고 있는 것에 대해 좌안 측의 단층은 파쇄대 폭이 약간 크지만 풍화가 없고 잘 다져진 상태였다.

좌우안의 단층의 주향 경사로부터 대안對岸이나 이곳부터 굴삭하는 하상부로의 연속성을 검토한 바, 대안으로의 연속은 없고 하상부에서 2개의 단층이 연결되지 않는다는 결론에 달하였다[그림 5.3.2(a)]. 2개의 단층은 안행 모양으로 분포하는 단층일 가능성이 있으나 파쇄대의 성상이 다르기 때문에 형성 시기가 다른 전혀 별개의 것으로 생각하고 있었다.

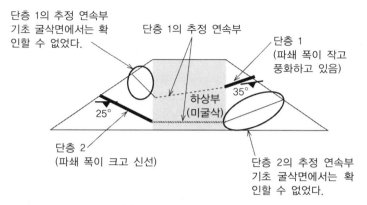

(a) 굴삭 중의 기초 굴삭면

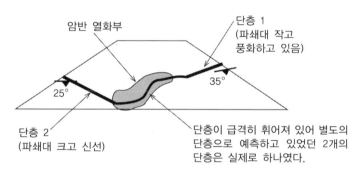

(b) 굴삭 후의 기초 굴삭면

그림 5.3.2 구부러진 단층의 예(단층은 하상부에서 크게 휘어져 있었다.)

굴삭이 진행하여 하상부의 암반이 나타남에 따라 단층의 구조가 차츰 변화하여 '혹시나'라고 생각했지만 아직 2개의 단층의 추정 연결부에는 거리가 있어 연속은 하지 않을 것으로 생각하고 있었다. 그러나 하상부의 굴삭이 끝나고 기초 암반 전체가 드러나면 놀랍게도 2개의 단층은 하상부에서 크게 휘어져 보기 좋게 연결되어 버렸다[그림 (b)]. 2개라고 생각하고 있었던 단층은 실은 하나였던 것이다. 단층 주변의 암반이 열화하고 있었기 때문에 상당히 초조했지만 표층을 약간 굴착한 바, 굳고 단단한 암반이 출현하였기 때문에 큰 문제를 일으키지 않고 처리하는 것이 가능하였다.

굴삭 도중에서 좌우안의 굴삭면에 비슷한 단층이 출현하여 2개의 단층이 연결되었는지 여부에 대한 검토까지 있었으므로 '연결되지 않았다'고 판단한 것은 무슨 이유에서일까. 그것은 '단층의 구조는 별로 변화하지 않을 것이다', '파쇄대의 성상이 다른 단층은 다른 단층일 것이다'라고 하는 믿음이 있었기 때문이다. 적어도 2개의 단층이 연결되지 않아도 근접하는 하상부에서는 암반이 열화하고 있을지도 모른다고 생각해 두어야 했다('2.4 (1) 단층은 천의 얼굴' 참조).

4. '사라진' 제체 재료

다음은 어느 록필 댐 재료 산에서의 경우이다. 재료 산에서는 부분적인 풍화나 변질, 채취 시의 손실의 영향으로 당초 예상보다도 채취할 수 있는 재료가 약간 줄어드는 것은 드물지 않은 일이지만 지금부터 소개하는 사례는 잘 생각하면 당연히 예측할 수 있었을 것이며, 게다가 프로젝트 전체에 영향을 주어 버렸던 경우다.

그 재료 산은 조사 초기 단계에서는 재질 구분의 DL급을 코어 재료, DH급은 혼합 재료, CL급 이상을 록 재료로서 사용함으로써 제체 재료의 품질과 양을 만족할 수 있을 것으로 예측하고 있었다. 그 후 재료 산의 상세 설계를 하는 단계에서 재료 산의 유반 구조를 고려하여 굴삭 구배를 완만하게 하도록 굴삭 형상을 변경하였던 것이지만 그때 재료 산의 재질 구분의 재검토도 더불어 시행되었다. 재료의 부존량을 재계산한 바, 굴삭 형상의 변경분을 차인해도 부존량이 이전보다도 증가하고 있었다. 부존량이 증가된 원인에 대해서는 시추 수량이 증가하는 등 조사 정밀도가 향상되었기 때문으로 생각하여 당시는 납득하고 있었던 것이지만······.

그렇지만 실제로 굴삭이 시작되고 보면 코어 재료는 소요량의 30%가 부족하여 새로운 코어 재료 산을 갑작스럽게 찾을 수밖에 없었다. 상세 설계 단계에서 충분한 여유가 있었음에도 불구하고 코어 재료가 30%나 부족하게 되었던 것은 재질 구분의 적용에 문제가 있었기 때문이다.

실은 이 재료 산의 D급의 암반은 지표 부근에서는 균질한 토사 모양으로 되어 있지만 심부의 CL급과의 경계 부근에서는 조립인 암덩이가 혼입한 것처럼 되어 있었다. 토질 재료로서는 조립 재료의 혼재율이 품질을 좌우하기 때문에 이 재료 산에서는 균질한 토사 모양의 재료를 DL급, 조립인 암덩이가 혼입한 것을 DH급으로 구분하고 있었던 것이다. 그런데, 채취 형상을 검토한 상세 설계 시에 비탈면 안정을 고려하여 재질 구분의 재검토를 하고 다소 조립인 암덩이가 들어간 것을 DL급으로 하여 1등급 낮게 평가하여 수정되어 있었던 것이다.

상세 설계 시의 'DL급'은 초기 단계의 DL급과 DH급 대부분의 합계였으므로 부존량이 증가하는 것은 당연하다. 그리고 시공이 시작되면 'DL급' 내에 암덩이가 섞여 코어 재료로서 부적당하다고 평가되어 대폭적인 부족을 일으킨 것은 말할 필요도 없을 것이다.

이렇게 된 것은 이하의 두 가지 원인이 있다.

① DH급의 '조립인 암덩이 혼입'의 스케일의 정의가 도중에서 애매하게 되었다.
② 제체 재료의 재질로서의 평가와 굴삭 법면의 안정성에 관한 평가를 하나의 기준으로 시행하고 있었다.

이 두 가지의 원인은 많은 현장에서 볼 수 있는 것으로 생각한다. 댐 사이트의 암반 구분과 재질 구분이 동일한 현장도 적지 않다. 그러나 각각에 평가 시점은 다를 것이므로 평가의 대상별로 구분 기준을 설정할 필요가 있다. 물론 하나의 기준으로서 댐 기초, 재료, 굴삭 비탈면의 전부에 대응할 수 있다면 불필요한 혼란도 없기 때문에 편리할 것임에 틀림 없지만 그 경우에서도 적용 시의 유의점을 명확히 나타내는 것이 중요할 것이다.

이 경우는 결과적으로는 비교적 초기의 굴삭 단계에서 코어 재료 부족을 알았기 때문에 빠른 단계에서 제2의 재료 채취지 선정, 제체 조닝(zoning) 재검토 등의 작업에 착수할 수 있었다. 이 때문에 프로젝트로의 영향을 최소한으로 방지할 수 있었던 점은 있으나 사전에 예측할 수 없었으며 또 피할 수 없었던 경우일 것이다.

5. 지질 현상과 리스크 평가

앞서 기술한 바와 같이 지질 조사에는 한계가 있기 때문에 시공 시에 예상 밖의 현상이 나타나는 것은 드문 일은 아니다. 지금까지는 예상 밖의 현상이 출현할 때마다 당황하여 우왕좌왕하는 경우가 많았지만 지금부터는 '리스크'로서 평가하여 시공 전에 어디까지 명확히 해야 할까, 시공 시의 대응을 어떻게 해야 할까를 제대로 검토하는 것이 중요할 것이다.

물론, 목적이나 효과를 명확히 하지 않고 맹목적으로 조사를 제안하는 것은 바람직하지 않고 시공 시의 대응책을 무한정 검토하는 것도 시간과 비용의 낭비다. 모든 리스크에 대한 대응책을 준비하여 둔다면 원래 지질 조사는 필요 없다는 이야기와 같다.

토목 지질에 국한한다면 리스크란 '프로젝트에서의 기댓값으로부터 벗어난 양'이며 '상정 지질로부터의 벗어남의 정도와 내용'이라고 바꾸어 말할 수 있다. 예를 들어 예상이 빗나가도 설계나 시공 등에 영향이 없으면 큰 문제가 되지는 않는다. 앞서 기술한 '몸을 숨긴' 안산암은 좋은 예일 것이다.

지질 현상이 예상과 다르다면 어떠한 영향이 나타날 것인가. 그 경우는 역행이나 방향 수정이 가능할까를 잘 생각하여 조사 계획의 제안을 하고자 하는 것이다. 또 시공 전에 영향이 큰 현상이 나온 경우의 대응책을 결정하여 두고 시공 시에 주의 깊게 관찰하여 전조를 찾아내자마자 대응을 협의하는 것이 중요할 것이다. 그때에 중요한 것은 지질에 얽힌 리스크 변동 폭이 어느 정도이며 결과적으로 프로젝트에 대해 어떠한 영향을 줄까를 제대로 인식하여 두는 것이다. 이와 같은 사고방식에 지질 기술자가 아직 익숙해지지 않은 면도 있을지도 모르지만 지질 기술자와 토목 기술자의 대화 속에서 최적인 답을 찾아낼 수 있을 것임에 틀림없다. 지금까지는 '안전 측'이라고 하는 한마디로 지질에 관한 불확실한 부분은 설계 조건 등에서 여유를 봐 둘 수 있으면 충분한 것으로 해왔다고 하면, 이제 조금씩 인식을 바꾸어 나가야 할 시기가 오고 있다고 생각하는 것이 좋을 것이다.

보이는 것만이 전부는 아니다

조사 자료로 암반을 어떻게 평가할까

1. 시추 코어는 암반 자체는 아니다

'암반 분류란 시추 코어를 공학적으로 구분하는 것'이라고 생각하고 있는 젊은 기술자가 많은 것에 놀라게 되는 경우가 많다. 시추 코어는 결코 암반 자체는 아니라 암반으로부터 얻어진 샘플에 불과하기 때문이다. 암반 분류란 암반을 지질 공학적 요소 등의 특징으로부터 유사한 공학적 성질을 보이는 몇몇 그룹으로 나누는 것이며 암반을 매스로서 평가하는 것이다. 매스로서 평가한다는 것은 원지반으로부터 끄집어낸 코어를 대상으로 하는 것은 아니다. 코어가 있었던 원지반 전체의 삼차원 공간을 가진 상태를 대상으로 하고 있는 것이다.

예전에 비하면 조사 기술은 현격히 진보하여 지중 깊은 곳의 정보나, 암반 성상이 나쁜 개소의 정보를 정교하게 얻을 수 있게 되었다. 또 전자기기의 진보에 의해 보어홀 스캐너와 같이 관찰하면서 공벽을 전개하여 화상을 모니터로 보는 것이 가능하다. 코어의 채취 상황의 질이 높아지면 높아질수록, 정보가 쉽게 시각화되면 될수록 눈앞의 정보가 전부라고 생각해버리는 것은 어쩔 수 없는 일인지도 모른다. 그러나 눈앞에 있는 조사 자료가 어떻게 얻어지고 있는 것인가, 관찰·평가할 때에 어떠한 주의를 해야 할까를 잊어버리는 것은 모처럼 품질이 좋은 조사 자료도 가치가 반감해버린다.

여기에서는 시추나 횡갱, 보어홀 스캐너 등의 조사 자료를 관찰할 때의 주의점, 암반으로서 평가할 때의 유의점을 기술해본다.

2. 시추 코어 – 품질은 원지반의 상태와 현장 기술자의 수완 나름

암반의 조사 수단으로서 비교적 저렴하고 많은 정보를 얻을 수 있는 시추가 많이 이용되고 있다. 따라서 시추 코어를 토대로 원지반의 암반 상태를 상정하는 것은 토목 지질에서는 중요한 작업이다. 그러나 샘플로서의 시추 코어의 평가는 원지반의 암반 평가와는 1 : 1로 대응하지 않는다. 코어의 평가는 어디까지나 샘플 평가에 불과한 것이지 원지반의 암반 평가는 아니다. 시추 코어를 관찰한다는 것은 샘플로서의 시추 코어로부터 원지반 중의 암반 상황을 읽어내는 작업이며 그것에는 고도한 기술적 판단이 필요하다. 지질 기술자에게는 시추 코어로부터 원지반 내부의 상태를 정확히 읽어내는 능력이 요구되는 것이다. 최근의 시추 기술의 진보는 눈부시고 가히 혁명적이라고도 말할 수 있는 코어 팩튜브*의 등장으로 코어 채취율이 비약적으로 향상되었으며 더욱이 기포 시추**의 등장에 의해서 예전에는 채취가 어려웠던 단단하고 연약한 것이 서로 섞인 원지반으로부터도 양호한 코어를 채취할 수 있게 되어 왔다. 그럼에도 불구하고 여전히 코어의 채취율이나 질은 시추 기술자의 수완에 따라 상당히 좌우되고 있다. 또 아무리 기술이 향상하여도, 기술자의 수완이 좋아도 잘 채취할 수 없는 암반도 있다. 시추 코어를 관찰할 때에는 그 점을 충분히 염두에 두고 원지반 내부의 상태를 상정하면서 관찰할 필요가 있다. 무작정 무수無水굴삭

---

* 코어 팩튜브(core pack tube) : 굴착수로부터 채취 코어를 보호하여, 코어의 유출을 방지하는 비닐 튜브 내장 코어 바렐.

** 기포 시추 : 굴삭 매체로서 물 대신에 기포를 이용하여 세립분의 유출을 방지하는 굴삭법. 여러 가지 굴삭매체나 굴삭법이 있으며, 고품질 시추라 총칭한다.

이 많은 코어나, 원기둥 모양으로 복원할 수 없는 자갈 모양 코어 구간이 많은 경우는 주의가 필요하다.

(a) 기존 방법에 의한 시추 코어

(b) 기포 시추에 의한 시추 코어

사진 5.4.1 시추 공법의 차이에 의한 코어 상태의 차이

사진 5.4.1에 풍화 화강암을 기존 공법으로 굴삭한 시추 코어와 기포 시추로 굴삭된 시추 코어를 비교하여 나타낸다. 또한 이들 시추 코어는 모두 ϕ86 mm로 약 5 m 떨어진 위치에서 삭공된 것이다. 굴삭의 방법이 틀리면 이처럼 코어의 상태가 다르다고 하는 좋은 예일 것이다. 화강암 지대에서 코어 채취를 하면 사력 모양이었으므로 화강암 풍화토 모양 암반으로 설계를 하여 시공을 시작하면 균열이 많은 정도의 암반이었다고 하는 이야기를 듣는 경우도 있다. 코어의 상태와 원지반 중의 암반 상태와의 차이를 머릿속에 적절히 설정하여 관찰할 수 있어야만 전문가인 것이다.

3. 조사 횡갱 – 원지반 속에 있어도 원지반이라고는 할 수 없다

중규모 이상의 댐의 조사에서는 원지반 내부의 상태를 보다 정밀하게 파악하기 위해 조사 횡갱이 실시되는 것이 많다. 근접된 위치에서 실시된 시추와 횡갱의 지질 상황을 비교한 적이 있는 기술자는 시추 코어와 횡갱의 상황이 비슷해도 동일 지질이라고 생각할 수 없다라는 경험을 가지고 있을 것이다(사진 5.4.2). 당연히 그와 같은 경우에는 횡갱 데이터가 우선되는 것이지만 그 횡갱에서 조차도 원래의 원지반 상태를 나타내고 있지 않은 것이 있으므로 주의가 필요하다.

(a) 약층을 무수無水로서 뚫은 시추 코어

(b) 상기 약층을 기포 시추로서 채취한 것

(c) 상기 약층의 횡갱 측벽에서의 상태

사진 5.4.2 동일 약층에 관한 시추 코어와 횡갱의 비교

예를 들면 신제3기의 이암이나 열수변질을 받은 응회암 등은 공기에 노출되거나 물에 접촉되거나 하면 급격히 변화하는 것이 있기 때문에 굴삭 후에 시간이 경과된 횡갱에서는 측벽의 상태와 원지반 내부의 상태는 다른 것도 많다. 또 이완이 있는 암반에서는 횡갱 굴삭의 영향으로 이완이 조장되어 측벽에서의 겉보기는 원지반 내부보다 나쁜 상태로 되어 있는 것이 많다. 특히 횡갱의 굴진 방향에 대해서 직교방향으로 중각도 내지는 고각도로 경사하는 지질 구조를 가지는 암반에서는 차목差目으로 되는 측벽은 유목流目*으로 되는 측벽에 비해 이완하고 있는 경우가 많다. 차목差目에서는 측벽에 노출된 암덩이가 횡갱 측으로 향하여 쓰러지듯이 기울어서 움직이고 그 암덩이 뒤 측의 균열이 개구하기 때문에 해머 타진에서는 들떠 있는 듯한 소리를 내는데 유목流目 측에서는 현저히 이완된 암덩이는 떨어져 버려 측벽에 남아 있지 않기 때문에 해머 타진 시에도 양호한 소리를 내는 것이 있다(사진 5.4.3).

사진 5.4.3 횡갱의 유반流盤 측벽과 차목差目 측벽에서의 이완 상황의 차이(마주보는 우측 측벽에 비해 좌측 측벽에 개구 균열이 많이 보인다.)

---

* 차목差目, 유목流目 : 비탈면이나 갱벽 등의 경사방향과, 지층의 층리면이나 절리, 단층 등의 면 구조의 경사방향이 반대의 경우를 '차목' 또는 '수반受盤', 동일한 경우를 '유목' 또는 '유반流盤'이라 한다. 면 구조의 경향을 가리키는 경우는 '차목' 또는 '유목', 면 구조를 포함한 암반을 가리키는 경우는 '수반', '유반'으로 하는 것이 많지만, 엄밀한 사용 구분은 되어 있지 않다. '유목', '유반'의 경우, 면 구조를 사용하여 암반이 미끄럽거나 이완하기 쉬우므로 주의가 필요하다.

'조사 횡갱은 원지반의 성상 자체이기 때문에 조사 정밀도가 높다'라는 이야기를 자주 듣는다. 틀림없이 시추로는 알 수 없는 원지반의 이완 상태나 균열과 암반 성상의 관계를 직접 관찰할 수 있어 많은 정보를 얻을 수 있는 것은 틀림없다. 그러나 횡갱이라고 해도 원지반 자체는 아니라는 것을 잊어서는 안 된다. 횡갱 관찰에서도 단지 측벽의 상태만을 보는 것이 아니라 측벽 배후의 수 m 뒤의 원지반 상태를 읽어내는 능력이 필요한 것이다.

4. 보어홀 스캐너 – 공벽은 참 원이라고는 할 수 없다

횡갱과 비슷한 데이터로 보어홀 스캐너가 있다. 보어홀 스캐너는 시추 코어로서는 판단할 수 없는 균열의 주향 경사나 원지반 내에서의 균열의 개구폭을 알 수 있으므로 이완 암반의 조사 등에 유효한 조사 수단으로서 1980년대 후반부터 자주 사용되게 되었다. 시추공은 구경이 기껏해야 수 cm이며, 2 m 전후의 조사 횡갱에 비해 현격히 굴삭 단면이 작고 발파도 사용하고 있지 않으므로 보어홀 스캐너는 보다 원지반 내부에 가까운 암반 상황을 관찰할 수 있는 유효한 조사 수단이라는 것에 이론의 여지가 없다.

그렇지만 보어홀 스캐너의 데이터를 아무런 의문도 가지지 않고 그대로 받아들여 그 해석 결과를 이용해서는 안 된다. 예를 들면 균열의 주향 경사는 전개 화상 중의 균열 위의 3점 이상을 지나는 사인커브로 대비시켜 산출하고 있지만 보어홀이 정확한 원통형이 아닌 경우에는 완전히 일치하는 사인커브는 얻을 수 없다. 시추 작업의 현장 관리를 경험한 적이 있는 기술자라면 보어홀의 단면이 전 구간에 걸쳐 참 원이라는 것 등은 있을 수 없다고 알고 있을 것이다. 또 개구폭에 대해서 말하면 광원 위치와 스캔 부분이 어긋나 있기 때문에 생기는 균열 근처의 그림자 폭을 측정하고 있는 것이며 균열의 정확한 개구폭을 직접적으로 얻을 수 있는 것은 아니고, 공벽이 교란되어 균열 주변이 빠져 떨어진 부분에서는 실제보다도 큰 개구폭으로 오인할 가능성도 있다.

모처럼의 유효한 조사 데이터를 바르게 이용하기 위해서는 공벽 전개 화상과 시추 코어의 조합 작업이 불가피하다. 공벽 전개 화상 중의 주목해야 할 균열에 대해서는 시추 코어로서는 그 균열이 어떠한 상태인가이다. 균열면 위의 조선条線이나 협재물, 균열 주변의 암조각의 상태 등에 대해서 관찰 기재한 다음에 그 균열을 포함한 암반의 평가에 연계할 필요가 있다.

또 보어홀 스캐너의 해석 그림에서 자주 이용되는 것으로 공저부로부터 공입구로 향하여 개구 균열폭의 누적 곡선 등을 그린 암반이완상태도(그림 5.4.1)가 있다. 이것도 위에서 기술한 것과 같은 각 균열의 개구폭 계측 결과를 토대로 작성된 것이다. 따라서 어디까지나 암반 상황을 정성적으로 표현한 것이며 정량적인 그림이라고는 할 수 없다. 개구폭의 누적량으로부터는 오히려 누적곡선의 전체적인 구배의 변곡점(천이점)에 주목해야 한다.

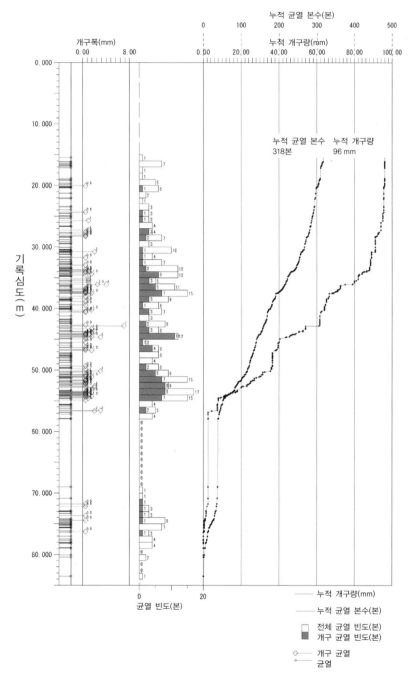

그림 5.4.1 암반이완상태도의 예

5. 원지반을 통찰하는 '천리안'이란

단편적인 조사 자료를 짜 맞추어 원지반의 상황을 파악한다, 때로는 조사 자료 뒤에 숨겨진 정보조차 독해한다, 독자 중에는 지질 기술자에게는 사람이 했다고는 생각할 수 없는 것 같은 '천리안'을 가지고 있다고 생각하는 경우가 있을지도 모른다. 그러나 원지반을 통찰하는 '천리안'은 조금도 특수한 능력은 아니다. 현장에서 훈련이나 경험을 쌓으면 누구라도 손에 넣을 수 있는 것이 가능한 능력인 것이다. 다만, 건성으로 현장에서 조사 자료를 보고 있는 것만으로는 단지 추억밖에 안 된다. 또 앞서 기술한 것과 같은 조사 자료의 견해를 흉내 내는 것만으로는 단지 억측에 불과하다. '천리안'을 몸에 익히기 위해서는 시추 → 횡갱 → 굴삭면이라고 하는 상태에 각각의 조사 자료를 대비하여 동일한 사상이 조사 방법에 따라 어느 정도 달라 보이는지 자신의 경험으로서 수없이 많이 축적하는 것이 필요할 것이다.

최근에는 토목 지질에 관한 대형 프로젝트가 감소하는 경향에 있다. 또, 하나의 프로젝트에도 많은 기술자가 관계되기 때문에 상기와 같은 다양한 조사 자료를 일관되게 횡단적으로 비교할 수 있는 현장을 담당하는 기회도 감소하고 있다. 전문가가 배출되기 어려운 환경이 되고 있는 중이라는 것은 유감이지만 지금의 상황을 한탄하고만 있어서는 아무것도 얻을 수 없다. 학협회나 업계 단체가 주최하는 견학회 등을 이용하거나 스스로가 소속한 기관이 관계하고 있는 프로젝트의 현장을 수많이 보는 등, 소위 On-the-Job Training(OJT)을 적극적으로 함으로써 부족한 경험을 보충하려는 노력도 필요할 것이다. 어려운 환경에서도 가능한 한 최대의 노력을 한다고 하는 전문가로의 길은 예나 지금이나 변함이 없다.

5.5

토목 · 건설 현장으로의 제언

다 함께 '현장의 전문가'를 목표로 한다

지금까지 토목이나 건설공사에 관련된 다양한 지질 사상이나 문제를 조사·설계 및 시공에 관련된 테마로 채택하여 왔다. 본 서를 총괄하는 데 오랜 세월 토목·건설 현장에 종사하여 온 지질 기술자의 시점으로부터 최근 느낀 문제점과 향후의 바람직한 모습에 대해 기술하고자 한다.

1. 토목 · 건설 현장의 현상

토목·건설의 세계는 현대 사회에서의 저출산 고령화의 물결을 타고 신규 사회간접자본 정비 사업의 급격한 감소, 입찰·계약 제도의 변경, 건설 업계의 재편, 기술 계승의 어려움, 고용 정세의 악화, 노동에 걸맞은 대가 확보의 곤란 등 다양한 면에서 변화·변혁을 기다리는 중에 있으며 어지럽게 바뀌고 있는 것처럼 느껴진다.

이 변혁이 지향하는 목표가 공공사업의 낭비를 줄이고 동시에 질을 높이는, 바꾸어 말하면 '저비용—고품질화'에 있는 것은 틀림없을 것이다. 이 목표는 토목 기술자와 지질 기술자가 오랜 세월 동안 지향하여 온 것이며 기술혁신이나 제도 개혁 등에 의해 달성되는 것이라면 한없이 기쁠 것이다. 그러나 최근 토목·건설 현장에서 일을 하고 있으면 이 '저비용—고품질화'로 향한 변화 과정이 바른 것인가 하는 의문을 느끼는 경우가 적지 않다. 목표가 잘못되어 있는 것이 아니라면 무엇이 잘못된 것일까.

2. 부적절한 조사의 원인은

여기에서 말하는 부적절한 조사란, 설계·시공에 필요한 정밀도를 만족하지 못하는 지질 조사나 시험을 가리키고 있다. 조사 부족뿐만 아니라 불필요하게 과대한 조사도 부적절한 지질 조사인 것이다. 부적절한 지질 조사는 그것을 담당하는 지질 기술자에게 책임이 있다. 그러나 동일한 투자를 한다면 지식이나 경험이 풍부하고 조사뿐만 아니라 기본 계획이나 설계 및 시공, 나아가서는 최종적인 편익에 크게 관여하는 유지나 보수에 관한 것까지 이해하고 있는 기술자에게 맡기는 것이 가장 좋고 단기간에 충분한 성과를 얻을 수 있을 것은 당연할 터이지만, 세상 일은 그렇게 되지 않는다는 것이 문제일 것이다.

한편, 조사 단계에서는 부적절한 조사의 책임이 무조건 지질 기술자에게 있다고는 할 수 없는 면도 있다. 사업 초기, 이른바 조사 단계에서, 사업 전체를 조감하지 못하고 눈앞의 문제에만 착안하여 작업을 진행하는 기술자에게 회부되면 조사 비용은 부풀려지는 것이 예사다. 왜냐하면 사업의 최종 목표나 전체의 비용 퍼포먼스 의식이 결여되어 조사해야 할 포인트를 벗어난 조사를 할 가능성이 있기 때문이다. 더욱이 설계나 시공 분야의 일방적인 지식만을 가진 기술자가 추가되면 호랑이에 날개를 다는 꼴이며 낭비의 신이 미소 짓게 된다(그림 5.5.1). 역으로 비용 감축의 명분을 걸고 일단 조사비를 깎는 것이 마치 직책 또는 사회의 최첨단이라고 착각하고 있지 않을까. 지금까지 기술적인 뒷받침 없이 구조물의 안전이나 공사 공정, 또는 시공의 안전성 담보 없이 비용 감축을 강조하여 조사비를 깎아서 참된 의미에서의 전체 사업비가 감축된 예가 정말로 있었을까.

그림 5.5.1 수완이 나쁜 스카우트와 낭비의 신

참된 비용 감축은 이와 같은 발상으로는 결코 탄생되지 않는다. 조사 단계에서의 비용 감축은 앞서 기술한 바와 같이 시공 또는 관리까지 염두에 두어야 하기 때문이다.

자연은 복잡하고 사람의 지혜가 미치지 않는 곳도 매우 많다는 것은 당연하다. 또 진실에 가까운 것은 쉽지는 않다. 정성껏 현상을 바라보고 사실을 축적하고 스스로의 경험이나 선인의 지혜 등을 종합하여 진지하게 대처할 때 비로소 여신은 미소 짓는다. 그와 같은 성실한 기술자의 노력을 헛되이 해서는 안 된다.

3. 조사와 건설 기술자 제휴의 중요성

현재의 일본 공공 공사에서의 대형 토목 공사에서는 조사와 설계는 별도의 회사가 청부하는 시스템으로 되어 있는 예가 많다. 또 조사도 다수의 회사가 실시하고 있음에도 불구하고 전체를 총괄하는 정리를 하지 않는 경우도 있다.

토목 기술자는 조사 결과를 토대로 구조물의 설계를 하는 것이지만 상기와 같은 경우에는 상당히 배려했다고 해도 하나로 전부를 이해하는 것은 곤란할 것이다. 통상은 동료 지질 기술자의 협력을 구하고 서로 동일한 것을 보면서 공통 인식을 구축하지 않으면 안 된다. 이 경우 공통 인식의 수준은 지질 기술자의 자질에 좌우되어 버린다. 따라서 충분한 지식이나 경험을 가진 지질 기술자의 투입이 불가피하여 전문가가 활약할 차례가 된다.

이와 같은 설계 및 지질 기술자의 제휴 하에 처음부터 좋은 설계를 할 수 있는 것이다. 그러나 현실은 이와 같은 제휴가 반드시 업무 실시의 표준으로는 되어 있지 않다. 실시 기관에 따라서는 사양서에 없다는 핑계로 자신의 관점에서 지질 조사 자료의 재검토·재평가, 그것에 의거한 설계 조건의 재검토는 시행되지 않는 경우도 존재할 것이다.

이와 같은 경우에는 지질 조사 결과가 충분하게는 설계에 반영되지 않은 상황도 생길 수 있다. 조사로부터 설계로의 정보 전달과 설계로부터 조사로의 피드백이 충분히 시행되어 있지 않으면 중대한 실수를 하게 된다. 건설공사가 시작되고 나서 실수가 드러나 공사가 중단되면 막대한 헛된 경비가 늘어난다는 것을 지질 기술자, 설계 기술자 모두 잊어서는 안 된다.

4. 시공 단계에서 설계 사상의 계승

시공 현장에서는 구조물의 설계 사상의 계승, 또는 설계 조건의 검증은 당연히 이루어져야 된다. 이 때문에 예를 들면 댐 등의 건설현장에서는 굴삭 공사 단계에서 지질 기술자가 상주하여 설계 기술자와 제휴를 하면서 기초 지반에 대한 설계 사상의 계승과 설계 조건의 확인·검증을 하고 있다. 한편 구조물에 관한 설계 사상의 계승은 당연히 시공 회사의 책임으로 되어야 할 것으로, 지금까지는 각자 충분한 배려로 이것에 대응하여 왔다. 최근에는 이러한 일들이 약간 허술해지고 있는 것 같다. 그 배경에는 공공 투자의 감축이나 숙련 기술자의 대량 은퇴 등이 있으며 이러한 것이 토목 기술 전체의 수준에 영향을 주고 있는 것으로 생각된다. 이러한 때야 말로 관계 각 분야의 기술자가 제휴를 충분히 하여 시공 단계에서 설계 사상이 결여되는 것이 없도록 해결을 도모해나가야 할 것이다.

근시안적인 시공 비용만을 고려한 구조물이 '싼 게 비지떡'이 되는 것은 당연한 귀결이다. 진짜 의미에서의 비용 감축은 결코 안이한 눈앞의 공사비 감축에 의해서 초래되는 것은 아니다. 사업을 총괄하는 기업자 및 담당하는 설계 기술자가 협동으로 구조물의 라이프 사이클 비용까지 바라본 적절한 설계 사상에 기초를 둔 설계를 하는 것이 진짜 비용 감축에 연결되는 것이다. 시공 단계에서는 그 설계 사상을 계승하고 또한 한층 새로운 데이터를 토대로 충분한 설계 조건을 재검토하여 합리적인 비용 감축이 도모되는 것 이외에는 경솔하게 실시해서는 안 된다.

5. 기업자의 감리 책임

대규모 토목 사업에서는 대규모 조사나 방대한 설계 대상 항목이 있으며 그러한 것이 서로 관련성을 가지는 경우가 많다. 조사·설계 대부분의 항목이 기업자로부터 외부로 업무 위탁되는 요즘, 기술 분야에서 기술자의 책임 대부분은 공정이나 사업비 관리 외에, 업무 성과의 전체 조정과 그 기술 관리에 있다. 이것이 정확히 이루어져 있지 않으면 건설 준비 최종 단계의 실시 설계, 상세 설계에서 조사나 설계 검토 부족이 생기게 된다. 그러한 상태에서 시공에 들어가면 어떻게 될까. 시공에 임하는 관계자의 고생은 이만저만이 아니다. 첫 번째로 고생하는 것은 현장에서 파견된 시공 회사의 현장 담당 책임자일 것이다. 물론 기업자의 기술자도 큰 고생을 떠맡게 된다.

　기업자 측 내부의 기술자, 소위 인하우스 엔지니어 수의 감소 및 현장에서의 경험 기회(OJT : On-the Job Training)의 축소로 젊은 기술자의 기술 계승의 위구심이 조장된 지 오래다. 동시에 비용 감축의 물결에 발단한 컨설턴트 기술자의 자질·인원수에 대해서도 현실은 지극히 엄격한 면이 있다. 시공면에서는 비용의 압박으로부터 오는 시공 현장의 작업 환경의 악화는 완성된 구조물의 질의 저하에 직결된다(그림 5.5.2).

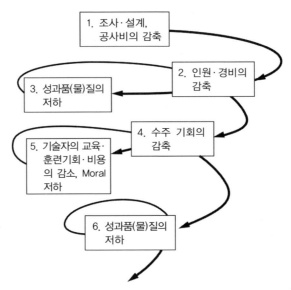

그림 5.5.2 비용 감축에 따른 부(-)의 스파이럴

　이 악순환을 단절하는 최초의 첫 걸음은 구조물의 기본계획-조사-설계-시공-유지 관리에 이르는 라이프 사이클 비용을 확인한 적정한 비용 파악과, 비용 감축의 실현에 최대의 책임과 권한을 가지는 기업자로서의 감리 책임의 자각이 아닐까.

6. 전문가라 불리는 기술자가 되려면

자연을 상대로 하는 과학 기술자는 공통으로 다양한 '데이터라고 하는 자연으로부터의 선물'에 대해 그것을 최대한으로 살려 지혜를 짜내어 '단편을 전체로 넓히는 이론을 구축한다'고 하는 것을 매일매일의 행동 중에서 하고 있다. 이것은 바꾸어 말하면 부분으로부터 전체를 이미지한다고 하는 이를테면 '보이고 있지 않은 것을 보는' 훈련을 거듭하고 있다는 것이다. 특히 지질 기술자는 국내의 습윤 다우·온대 기후에서 식생에 덮인 부족한 노두 조건 아래, 현지답사라고 하는 언뜻 보기엔 원시적인 방법에 의지하여 지역의 지질 특성, 지질 구조를 명확히 하고 자원, 토목, 환경면 등으로 부터의 사회의 요구에 대해서 적절한 판단을 내릴 수 있는 아주 드문 인종이다.

따라서 우수한 지질 기술자에게 필요한 것은 강건한 신체(육체·정신)와 유연한 두뇌 및 동물적인 직감일 것이다.

그림 5.5.3 끊임없는 노력으로 전문가를 지향한다.

흔히 '독단과 편견', 또는 '지질쟁이는 보고 온 듯한 거짓말을 하는' 등이라는 지질쟁이에게 하는 칭찬(?)의 말이 있다. 바꾸어 말하면, '독단과 편견'이란 '타인은 흉내 낼 수 없는 독자의 아이디어'이며 '보고 온 듯한 거짓말'이란 '타인을 납득시킬 정도의 스토리를 단편 데이터로부터 구축할 수 있는 매우 훌륭한 능력'이라는 것이다. 특히 중요시하고 싶은 것이 그러한 것의 토대로 되는 동물적인 직감, 즉 제6감이다. 물건을 봤을 때 또는 물건을 생각할 때의 번뜩임이라고 하는 것이다. 성인도 말했던 것처럼 '보아도 보이지 않는' 것만으로는 소용이 없는, 자연은 반드시 정보를 발신하고 있다. 그것을 수신할 수 있는지 어떨지는 수취하는 측의 인간의 책임인 것이다. 제6감을 연마하여 자연으로부터의 소식을 독해할 수 있는, 그것이 지질 기술자로서 전문가의 소질이라고도 해야 할 것이다.

자연으로부터의 소식을 독해하는 것은 가능하지만 그 소식만으로 끝나서는 안 된다. 그 소식에 숨겨져 있는 진실의 파편, 그 파편으로부터 전체상을 이미지하는 그것까지 독해할 수 없으면 전문가가 되지 않는다.

또 매일의 업무에 즐거움이나 희망을 발견해 낼 수 없으면 업무로의 의욕도 그와 같은 노력을 하고자 하는 의지조차 생겨나지 않을 것이다. 세상을 한탄만 하고 있는 것이 아니라 어떻게 하면 희망을 가질 수 있을까, 또 지도자라면 집단의 모티베이션을 어떻게 하면 높일 수 있을까를 생각하여 실천해나가는 것이 필요하다. 토목·건설, 및 지질 조사나 건설 컨설턴트의 세계는 공공사업 악인론이 퍼지는 경우도 있어 홍보 활동이 너무 부족한 것처럼 생각된다. 고고한 사람은 아니라 각 기관에서 사회로의 필요 충분한 정보 공개와 함께, 각 기술자 자신이 시행하고 있는 업무를 국민 여러분께 이해를 구하는 노력도 필요할 것이다. 이와 같은 주변 환경이 정비되는 것이야 말로 개개의 기술자도 전문가가 될 것이라는 의식이 생기고 집단으로서의 에너지도 강화될 것이다.

7. 현장의 전문가를 목표로 한다

지금까지 건설업 또는 지질 조사나 건설 컨설턴트를 둘러싼 상황 문제를 기술하여 왔는데 개개의 기술자는 어떤가. 과연 지질 기술자나 토목 기술자의 질은 향상되었다고 떳떳하게 말할 수 있을까. 전산화나 업무의 효율화, 이익 관리 등에 쫓겨 기술의 향상을 게을리하고 있지 않은가. '과거의 사례와 동일하게 하고 있다', '매뉴얼대로 하고 있다', '안전성을 과대할 정도로 전망하고 있다', '지체 없이 추가 조사를 제안한다', '잘 알지 못하기 때문에 계속하여 관찰한다'라고 하는 안이한 길을 선택하고는 있지 않은가. 가던 길을 멈추고 '왜 이렇게 되었던 것인가', '이 현상은 무엇을 의미하고 있는 것인가', '기준이나 매뉴얼의 취지는 무엇인가'라고 항상 생각하고 있는가.

아무리 시대가 변하여도 토목이나 지질 기술이 불필요하게 되는 경우는 없다. 그러나 기술자가 연구를 게을리하면 세상에서 불필요한 기술이 될 것이다. 현대 일본은 지질 기술자, 토목 기술자에게 결코 좋은 시대는 아닐 것이다. 그러나 부디 의기소침하지 말고 업무 중에서 기술 연구에 힘쓰면 좋겠다. 우수한 기술은 반드시 살아남아 높게 평가되는 날이 올 것으로 확신한다. 현장 조사에 기인한 정성껏 작성된 해석 도표류나 보고서는 어떠한 시대 또는 어느 곳에서도 적용된다.

지속 가능한 사회 형성이나 환경을 고려한 사회자본 정비의 초석을 다지는 사람, 그것은 자연을 잘 알고 그 상태를 충분히 배려한 조사·설계·시공자가 되는 토목·지질 기술자이다. 함께 '현장의 전문가'를 목표로 하고 싶지는 않은가.

··후언

'학교에서 배운 것을 살려 사회에 공헌할 수 있다'. 이상을 가슴에 품고 지질 조사를 직업으로서 선택하였지만 자기의 지식이나 기술이 없으면 믿음이나 자만심으로부터 실패를 반복하는 일상이 된다. 그럼에도 불구하고 현장에서 마주치는 인간의 지혜를 넘는 자연의 위대함을 체험하면 아직도 여러 가지를 배우고 체험하고 싶다는 기분이 될 것이다.

그런데 얼마 전부터 젊은 기술자와의 화제에, 지질 기술자를 비롯한 컨설턴트의 사회적인 지위가 낮은 것이 화제가 되었다. 일상의 업무를 통하여 주민의 안전, 사회자본 정비에 공헌하고 있을 뿐인데, 신문이나 텔레비전에서는 '공공 사업＝악'이라는 논조로 세간의 눈이 냉엄해지고 있는 것은 확실한 것 같다. 또 공공사업에 종사하려면 기술사라고 하는 국가 자격이 불가피하지만 동일한 '사士'가 붙은 직업, 예를 들면 변호사나 공인 회계사 등에 비해 눈에 띄지 않는 소박한 자격, 직업이라고 한다. 우리들의 일이 숨은 공로자 같은 존재인 것은 충분히 알고 있었지만 좀 더 사회에 인지되기를 바란다.

지반에 관계된 조사 해석의 기술은 지반의 성상이 천차만별이기 때문에 매뉴얼화가 어려운 영역이다. 따라서 우수한 기술자의 유무가 안전·안심한 생활을 유지할 수 있을지 없을지를 좌우한다고 해도 과언은 아니다. 차세대의 젊은 이가 지질 조사·해석을 하는 직업에 여하히 매력을 느끼도록 할까. 우리들이 진지하게 몰두해야 할 과제인 것으로 생각하고 있다.

이 책은 '전문가'라고 불리는 기술자의 경험, 실패 사례를 모은 것이다. 실패는 결코 칭찬받는 것은 아니다. 그러나 실패 그 자체는 손실이지만 원인을 명확히 하여 공유하면 재산이다. 선인의 실패를 배움으로써 젊은 기술자에게는 더욱더 앞으로 나가고 싶어지고 '전문가'의 귀중한 체험이나 놀라움에 접하여 지질 조사·해석의 훌륭함과 보람을 느꼈으면 좋겠다.

또한 본 서는 잡지 「토목시공」에 연재된 것을 토대로 작성한 것이다. 또 현재에는 입수가 어렵지만 본 서의 자매편이라고도 할 수 있는 『토목 지질의 비전秘傳! 목표로 하는 현장의 전문가』도 아울러 참조해 주기를 바란다.

마스무라 미치히로增村 通宏

찾아보기

ㄱ

개구 균열 23, 24, 29, 30, 60, 62, 78, 80, 82, 83, 202, 218, 221
공격사면 73, 112, 113, 119
공내 경사계 158, 159, 160, 161, 162, 167, 172
관리 기준 값 154, 155, 161, 162
광파 측거 167
괴상 암반 23, 25, 26, 27, 28, 29, 30, 86
구조 운동 16, 17, 60, 79, 81, 86, 93, 99
균열면 28, 220
그라우팅 37, 140, 141, 142, 143, 144, 145, 146, 147, 202
그리그광 43, 44
금 41
기초 처리 32, 38, 39

ㄴ

냉각절리 17, 21, 22, 62

ㄷ

단구 퇴적물 71, 111, 112, 114, 115, 116, 117, 118, 119, 120, 121
단구면 71, 112, 170
단열 78, 79, 82, 83
단층 파쇄대 24, 69, 79, 146, 208
단층면 86, 88, 90, 171

ㄷ

담수성 점토 48
델타 19

ㄹ

록앵커 167
루전 값 142, 143, 144, 145, 147, 173
루전 맵 147
리델시어 82
리플 마크 35

ㅁ

막장 103, 104, 105, 106, 107, 108, 109
메란쥬 93, 94, 95, 96, 97, 98, 99, 176

ㅂ

방해석 46, 47
백철광 43
벽개면 28, 29, 30
변성암 56, 57, 58, 59, 62, 70, 73, 171, 199
변위량 158, 159, 161, 162, 163, 176
보어홀 텔레뷰어 174, 203
부가체 93, 94, 95
부정합면 171
부존량 111, 116, 117, 119, 210, 211
불연속면 78, 79, 80, 82, 171
붕적토 산사태 169

블록형 활동   161, 162, 163
비소   42, 43
비용   47, 110, 171, 198, 200, 204, 205, 208, 212, 224, 225, 227, 228
비용 감축   205, 224, 225, 227, 228
비용결면   171
비탈면 변상   167, 168, 171

ㅅ

사암   16, 25, 26, 27, 28, 50, 55, 56, 60, 62, 63, 80, 95, 96, 176, 186, 187
사암 이암 호층   27, 50, 95
사장석   46, 47
산사태   18, 20, 59, 64, 68, 73, 74, 93, 130, 154, 157, 163, 165, 166, 168, 169, 170, 171, 173, 175, 176, 177, 178, 179, 180, 183, 184, 186, 187, 188
석고   47, 48
섬록암   16, 56, 62, 114
소성   27, 28, 187
수리지질 구조   38, 146, 147
수소 이온 농도   48
수은   43
수직 신축계   172
수치 지도 데이터   65
쉴드   44, 45
스웰링   61, 63
슬레이킹   44, 61, 63
시라스 대지   71
시멘트 밀크   37, 140, 141, 143, 144, 145, 146, 147

시추   70, 97, 124, 129, 150, 153, 173, 193, 194, 195, 197, 203, 204, 206, 207, 208, 210, 215, 217, 219, 222
시팅 조인트   201
신축계   162, 167, 172
실체경   109
실체사진   103, 107, 108, 109

ㅇ

안부   67, 69, 70, 74
안산암   17, 25, 26, 56, 62, 71, 86, 100, 207, 208, 212
안행 모양   207, 208
암반 분류   122, 129, 131, 214
암반 활동   157, 159, 166, 167, 168, 169, 170, 171, 172, 173, 175, 176, 177, 178, 179, 180
암반등급 구분   29, 122, 123, 124, 125, 126, 127, 128, 129, 131, 132, 133, 134, 135, 136, 137, 138, 206
암반변위계   172
액상화   32, 187, 188
앵커공   160, 163, 168
약층   51, 95, 171, 217
연석량 시험   115, 116
연성도   28
열수변질   60, 61, 62, 86, 87, 88, 150, 207, 208, 218
용결 응회암   17, 18, 19, 20, 21, 22
용수   32, 39, 48, 105, 171
원석산   110, 111, 116, 117, 165
원호 활동   160, 162, 163, 178, 179
음영도   65

응력 해방   21, 22, 80
이암 18, 27, 43, 44, 50, 55, 56, 57,
    58, 60, 61, 62, 63, 80, 95, 96,
    97, 98, 115, 116, 166, 171, 186,
    188, 199, 218
일축압축강도   33, 35, 116

ᄌ

자황철광   43
잔류 간극수압   180, 181
저수지 산사태   163, 179, 180
저품질 골재   110
전기 전도율   48
전단   78, 79, 82, 83
전단강도 98, 122, 127, 132, 133, 135,
    138
전단대   78, 79, 82
절리 21, 62, 63, 78, 79, 80, 104,
    105, 106, 109, 167, 199, 201, 218
절리면   59, 171, 174, 202
점판암 25, 26, 55, 57, 58, 59, 60,
    62, 105, 160, 176
제하 절리   199, 200, 201
중앙 내삽법   141, 142
지반 정수   155, 156
지보 패턴   103, 104, 131
지오파크   100
지질 구성   66, 197
지형 발달사   153, 196

ᄎ

차수 재료   37

챠트   16, 56, 60, 62, 96, 105, 176
천매암   55, 58, 59, 60, 62
천연댐   186
최소 안전율   181
취성   28, 86
층상 암반 23, 25, 26, 27, 28, 29, 30,
    171
층서   197
침투류   31, 36, 37, 38, 39

ᄏ

카드뮴   43
크리프   73, 163, 166, 171
클리노미터   107

ᄐ

테라프   197
퇴적암 15, 26, 56, 57, 58, 60, 61, 62,
    63, 76, 93, 146, 149, 171, 186,
    199
퇴적연암   66
트렌치 굴삭   120

ᄑ

파쇄대 25, 62, 69, 70, 78, 79, 80,
    86, 87, 88, 90, 93, 95, 96, 97,
    98, 104, 177, 208, 209, 210
파이롯드공   143, 144, 145
파이핑   32
판구조론   66
편리면   28, 60, 62, 171
편마암   56, 57, 58, 62

편압 19, 204

포트홀 32, 33, 34, 35, 36

풍화 변질 88

프랙탈 126

ㅎ

하도 폐색 189

하상 재료 110, 111, 116, 117, 118, 119, 120, 121

해성 점토 48

해저드 맵 74

혈암 23, 24, 25, 26, 27, 28, 29, 30, 55, 57, 58, 60, 62, 71

호온펠스 56, 57, 58, 59, 62, 199, 200, 201, 203

화강암 16, 25, 26, 32, 34, 36, 55, 56, 59, 61, 62, 80, 86, 87, 88, 96, 114, 145, 166, 167, 186, 199, 201, 203, 207, 208, 216

화강암 풍화토 61, 62, 145, 199, 201, 216

화산 이류 68, 69

화산회 68, 170, 187, 188, 194, 195, 196

화성암 56, 57, 199

화쇄류 69

확인공 147

활단층 64, 69, 74, 185, 195, 196

활주사면 113, 119

황산 42, 43, 46, 47

황철광 41, 42, 43, 44, 45, 47, 48, 49

황화철 43

기타

CAD 122, 139

CSG 공법 121

N 값 134, 194, 195

RQD 153

역자 소개

이 성 혁 공학박사

- 1991년 영남대학교 공과대학 토목공학과 졸업(학사)
- 1993년 영남대학교 일반대학원 토목공학과 졸업(석사)
- 2005년 아주대학교 일반대학원 건설교통공학과 졸업(박사)
- 1995년부터 한국철도기술연구원에 근무 중이며, 서울과학기술대학교 철도전문대학원 겸임교수 역임. 국토해양부 철도기술 전문위원, 국토교통부 제2기 궤도건설심의위원, 경기도 건설기술심의위원, 중앙건설기술심의위원, 철도시설공단 설계자문위원, 철도학회 궤도분과위원, 철도건설공학협회 부회장으로 활동 중이며 국토교통부 장관 표창 수여.
- 주요 저서 및 논문
  『뉴패러다임 실무교재 지반역학』(씨아이알)
  『지반공학에서의 성능설계』(씨아이알) 외 다수

임 유 진 공학박사

- 1985년 고려대학교 공과대학 토목공학과 졸업(학사)
- 1987년 고려대학교 대학원 토목공학과 졸업(석사)
- 1996년 (미) Texas A&M University 토목공학과 졸업(박사)
- 한국도로공사 도로교통연구원 책임연구원을 거쳐 1999년부터 배재대학교 건설환경철도공학과 교수로 재직 중. 한국철도건설공학협회 이사, 한국철도학회 궤도노반연구회장으로 활동 중.
- 주요 저서 및 논문
  『뉴패러다임 실무교재 지반역학』(씨아이알)
  『지반공학에서의 성능설계』(씨아이알)
  「강화노반 쇄석재료의 전단강도특성을 고려한 영구변형예측모델 개발」(한국철도학회) 외 다수

이 진 욱 공학박사, 철도기술사

- 1990년 경북대학교 공과대학 토목공학과 졸업(학사)
- 1996년 경북대학교 대학원 토목공학과 졸업(석사)
- 2009년 아주대학교 대학원 건설시스템공학과 졸업(박사)
- 1995년부터 한국철도기술연구원에 근무 중이며, 철도인재개발원 강사, 서울과학기술대학교 철도전문대학원 겸임교수 역임. 국토해양부 철도기술 전문위원, 국토교통과학기술진흥원 신기술 평가위원, 한국철도시설공단 설계 자문위원, 인천광역시 도시개발공사 설계자문위원으로 활동 중이며 철도청장 및 교육과학기술부 장관 표창 수여.
- 주요 저서 및 논문
  『뉴패러다임 실무교재 지반역학』(씨아이알)
  『지반공학에서의 성능설계』(씨아이알)
  「일반철도 노반 강성조건에서의 고속화 철도용 콘크리트 궤도의 작용성 검토」(한국철도학회) 외 다수

엄 기 영 공학박사

- 1988년 성균관대학교 공과대학 토목공학과 졸업(학사)
- 1990년 성균관대학교 대학원 토목공학과 졸업(석사)
- 2008년 서울과학기술대학교 철도전문대학원 철도건설공학과 졸업(박사)
- 1996년부터 한국철도기술연구원에 근무 중이며 현재 고속철도 인프라 연구단장(수석연구원)으로, 철도인 재개발원 강사, 서울과학기술대학교 철도전문대학원 겸임교수 역임. 국토교통부 항공철도사고조사위원회 기술자문위원, 한국철도시설공단 설계심의 평가위원, 한국철도공사 평가위원, 한국구조물 진단학회 이사로 활동 중이며 철도청장 및 건설교통부 장관 표창 수여.
- 주요 저서 및 논문

『뉴패러다임 실무교재 지반역학』(씨아이알)

「400km/h급 고속철도 인프라시스템 기술개발 연구」 외 다수

김 현 기 공학박사

- 1985년 고려대학교 공과대학 토목공학과 졸업(학사)
- 1987년 고려대학교 대학원 토목공학과 졸업(석사)
- 1996년 (미) Texas A&M University 토목공학과 졸업(박사)
- 한국도로공사 도로교통연구원 책임연구원을 거쳐 1999년부터 배재대학교 건설환경철도공학과 교수로 재직 중. 한국철도건설공학협회 이사, 한국철도학회 궤도노반연구회장으로 활동 중.
- 주요 저서 및 논문

『뉴패러다임 실무교재 지반역학』(씨아이알)

『지반공학에서의 성능설계』(씨아이알)

「강화노반 쇄석재료의 전단강도특성을 고려한 영구변형예측모델 개발」(한국철도학회) 외 다수

편집간사 · 집필자

이노우에 타카시井上 隆(야치요八千代엔지니어링(주))

우다 신이치宇田 進一(네트워크·지구)†

오오이시 아키라大石 朗(야치요八千代엔지니어링(주))‡

오쿠다 에이지奧田 英治(아이돌 엔지니어링(주))‡

세이노 타카시情野 隆(일본공영(주))

시미즈 코지清水 公二((주)뉴제크)

스즈키 히로아키鈴木 弘明(일본공영(주))

타카하시 츠토무高橋 努(야치요八千代엔지니어링(주))

타케타 카즈히사武田 和久((주)개발설계콘설턴트)‡

타나카 켄이치田中 健一(일본공영(주))†

나카소네 시게키中曽根茂樹(일본공영(주))

나가타 히데히사永田 秀尚((유)후우스이도風水土)

나카무라 세이지中村 靖治((주)INA)†

하라 히로무原 弘(응용지질(주))

마스무라 미치히로増村 通宏((주)INA)‡

미모토 켄시로三本健四郎(응용지질(주))

요시다 타카시吉田 堯史(응용지질(주))

※ 소속은 집필 시, 편집 시를 기준
‡ : 편집간사·집필자
† : 편집간사만

건설 기술자를 위한 알기 쉬운
토목 지질

초판인쇄 2014년 12월 19일
초판발행 2014년 12월 29일

저   자 토목 지질의 달인 편집위원회
역   자 이성혁, 임유진, 이진욱, 엄기영, 김현기
펴 낸 이 김성배
펴 낸 곳 도서출판 씨아이알

책임편집 박영지, 김동희
디 자 인 백정수, 윤미경
제작책임 황호준

등록번호 제2-3285호
등 록 일 2001년 3월 19일
주   소 100-250 서울특별시 중구 필동로8길 43(예장동 1-151)
전화번호 02-2275-8603(대표)
팩스번호 02-2275-8604
홈페이지 www.circom.co.kr

I S B N 979-11-5610-106-2 (93530)
정   가 20,000원

여러분의 원고를 기다립니다.

도서출판 씨아이알은 좋은 책을 만들기 위해 언제나 최선을 다하고 있습니다. 토목·해양·환경·건축·전기·전자·기계·불교·철학 분야의 좋은 원고를 집필하고 계시거나 기획하고 계신 분늘, 그리고 소중한 외서를 소개해주고 싶으신 분들은 언제든 도서출판 씨아이알로 연락 주시기 바랍니다. 도서출판 씨아이알의 문은 날마다 활짝 열려 있습니다.

출판문의처 : cool3011@circom.co.kr 02)2275-8603(내선 605)

≪도서출판 씨아이알의 도서소개≫

※ 문화체육관광부의 우수학술도서로 선정된 도서입니다.
† 대한민국학술원의 우수학술도서로 선정된 도서입니다.
§ 한국과학창의재단 우수과학도서로 선정된 도서입니다.

토목공학

토목 그리고 Infra BIM
황승현, 전진표, 서정완, 황규환 저 / 2014년 10월 / 264쪽
(사륙배판) / 25,000원

지반기술자를 위한 해상풍력 기초설계(지반공학 특별간행물 7)
(사)한국지반공학회 저 / 2014년 10월 / 408쪽(사륙배판) /
30,000원

기초 임계상태 토질역학
A. N. Schofield 저 / 이철주 역 / 2014년 10월 / 270쪽
(155*234) / 20,000원

제2판 토질시험
이상덕 저 / 2014년 9월 / 620쪽(사륙배판) / 28,000원

제3판 기초공학
이상덕 저 / 2014년 9월 / 540쪽(사륙배판) / 28,000원

CIVIL BIM의 기본과 활용
이에이리 요타(家入龍太) 저 / 2014년 9월 / 240쪽(신국판) /
16,000원

토목구조기술사 합격 바이블 2권
안흥환, 최성진 저 / 2014년 9월 / 1220쪽(사륙배판) /
65,000원

토목구조기술사 합격 바이블 1권
안흥환, 최성진 저 / 2014년 9월 / 1076쪽(사륙배판) /
55,000원

기초 수문학
이종석 저 / 2014년 8월 / 552쪽(사륙배판) / 28,000원

기초공학의 원리
이인모 저 / 2014년 8월 / 520쪽(사륙배판) / 28,000원

실무자를 위한 토목섬유 설계·시공
전한용, 장용채, 장정욱, 정연인, 박영목, 정진교, 이광열, 김윤태 저 / 2014년 8월 / 588쪽(사륙배판) / 30,000원

토질역학
배종순 저 / 2014년 7월 / 500쪽(사륙배판) / 25,000원

수리학
김민환, 정재성, 최재완 저 / 2014년 7월 / 316쪽(사륙배판) /
18,000원

공업정보학의 기초
YABUKI Nobuyoshi, MAKANAE Koji, MIURA
Kenjiro T. 저 / 황승현 역 / 2014년 7월 / 244쪽(신국판) /
16,000원

엑셀로 배우는 토질역학(엑셀강좌시리즈 8)
요시미네 미츠토시 저 / 전용배 역 / 2014년 4월 / 236쪽(신국판) / 18,000원

암반분류
Bhawani Singh, R.K. Goel 저 / 장보안, 강성승 역 / 2014년 3월 / 552쪽(신국판) / 28,000원

지반공학에서의 성능설계
아카기 히로카즈(赤木 寬一), 오오토모 케이조우(大友 敬三), 타무라 마사히토(田村 昌仁), 코미야 카즈히토(小宮 一仁) 저 / 이성혁, 임유진, 조국환, 이진욱, 최찬용, 김현기, 이성진 역 / 2014년 3월 / 448쪽(155*234) / 26,000원

건설계측의 이론과 실무
우종태, 이래철 공저 / 2014년 3월 / 468쪽(사륙배판) / 28,000원

엑셀로 배우는 셀 오토매턴(엑셀강좌시리즈 7)
기타 에이스케(北 栄輔), 와키타 유키코(脇田 佑希子) 저 / 이종원 역 / 2014년 3월 / 244쪽(신국판) / 18,000원

재미있는 터널 이야기
오가사와라 미츠마사(小笠原光雅), 사카이 구니토(酒井邦登), 모리카와 세이지(森川誠司) 저 / 이승호, 윤지선, 박시현, 신용석 역 / 2014년 3월 / 268쪽(신국판) / 16,000원

토질역학(제4판)
이상덕 저 / 2014년 3월 / 716쪽(사륙배판) / 30,000원

지질공학
백환조, 박형동, 여인욱 저 / 2014년 2월 / 308쪽(155*234) / 20,000원

토질역학_기초 및 적용(제2판)
김규문, 양태선, 전성곤, 정진교 저 / 2014년 2월 / 412쪽(사륙배판) / 24,000원

내파공학
Goda Yoshimi 저 / 김남형, 양순보 역 / 2014년 2월 / 660쪽(사륙배판) / 32,000원

미학적으로 교량 보기
문지영 저 / 2014년 2월 / 372쪽(사륙배판) / 28,000원

지반공학 수치해석을 위한 가이드라인
D. Potts, K. Axelsson, L. Grande, H. Schweiger, M. Long 저 / 신종호, 이용주, 이철주 역 / 2014년 1월 / 356쪽(사륙배판) / 28,000원

흐름 해석을 위한 유한요소법 입문
나카야마 츠카사(中山司) 저 / 류권규, 이해균 역 / 2013년 12월 / 300쪽(신국판) / 20,000원

암반역학의 원리(제2판)
이인모 저 / 2013년 12월 / 412쪽(사륙배판) / 28,000원

토질역학의 원리(제2판)
이인모 저 / 2014년 8월 / 612쪽(사륙배판) / 30,000원

터널의 지반공학적 원리(제2판)
이인모 저 / 2013년 12월 / 460쪽(사륙배판) / 28,000원

댐의 안전관리
이이다 류우이치(飯田隆一) 저 / 박한규, 신동훈 역 / 2013년 12월 / 220쪽(155*234) / 18,000원

댐 및 수력발전 공학(개정판)
이응천 저 / 2013년 12월 / 468쪽(사륙배판) / 30,000원

(뉴패러다임 실무교재) 지반역학
시바타 토오루 저 / 이성혁, 임유진, 최찬용, 이진욱, 엄기영, 김현기 역 / 2013년 12월 / 424쪽(155*234) / 25,000원

Civil BIM with Autodesk Civil 3D
강태욱, 채재현, 박상민 저 / 2013년 11월 / 340쪽(155*234) / 24,000원

알기 쉬운 구조역학(제2판)
김경승 저 / 2013년 10월 / 528쪽(182*257) / 25,000원

새로운 보강토옹벽의 모든 것
종합토목연구소 저 / 한국시설안전공단 시설안전연구소 역 / 2013년 10월 / 536쪽(사륙배판) / 30,000원

응용지질 암반공학 †
김영근 저 / 2013년 10월 / 436쪽(사륙배판) / 28,000원

터널과 지하공간의 혁신과 성장 ※
그레이엄 웨스트(Graham West) 저 / 한국터널지하공간학회 YE위원회 역 / 2013년 10월 / 472쪽(155*234) / 23,000원

터널공학_터널굴착과 터널역학
Dimitrios Kolymbas 저 / 선우춘, 박인준, 김상환, 유광호, 유충식, 이승호, 전석원, 송명규 역 / 2013년 8월 / 440쪽(사륙배판) / 28,000원

터널 설계와 시공
김재동, 박연준 저 / 2013년 8월 / 376쪽(사륙배판) / 22,000원

터널역학
이상덕 저 / 2013년 8월 / 1184쪽(사륙배판) / 60,000원

철근콘크리트 역학 및 설계(제3판)
윤영수 저 / 2013년 8월 / 600쪽(사륙배판) / 28,000원

토질공학의 길잡이(제3판)
임종철 저 / 2013년 7월 / 680쪽(155*234) / 27,000원

지반설계를 위한 유로코드 7 해설서
Andrew Bond, Andrew Harris 저 / 이규환·김성욱·윤길림·
김태형·김홍연·김범주·신동훈·박종배 역 / 2013년 6월 /
696쪽(신국판) / 35,000원

옹벽·암거의 한계상태설계
오카모토 히로아키(岡本寬昭) 저 / 황승현 역 / 2013년 6월 /
208쪽(신국판) / 18,000원

건설의 LCA
이무라 히데후미(井村 秀文) 편저 / 전용배 역 / 2013년 5월 /
384쪽(신국판) / 22,000원

건설문화를 말하다 ※
노관섭, 박근수, 백용, 이현동, 전우훈 저 / 2013년 3월 /
160쪽(신국판) / 14,000원

건설현장 실무자를 위한 연약지반 기본이론 및 실무
박태영, 정종홍, 김홍종, 이봉직, 백승철, 김낙영 저 / 2013년
3월 / 248쪽(신국판) / 20,000원

지질공학 †
Luis I. González de Vallejo, Mercedes Ferrer, Luis Ortuño,
Carlos Oteo 저 / 장보안, 박혁진, 서용석, 엄정기, 최정찬, 조호
영, 김영석, 구민호, 윤운상, 김학준, 정교철, 채병곤, 우 익 역 /
2013년 3월 / 808쪽(국배판) / 65,000원

유목과 재해
코마츠 토시미츠 감수 / 야마모토 코우이치 편집 / 재단법
인 하천환경관리재단 기획 / 한국시설안전공단 시설안전연
구소 유지관리기술그룹 역 / 2013년 3월 / 304쪽(사륙배판) /
25,000원

Q&A 흙은 왜 무너지는가?
Nikkei Construction 편저 / 백용, 장범수, 박종호, 송평현,
최경집 역 / 2013년 2월 / 304쪽(사륙배판) / 30,000원

상상 그 이상, 조선시대 교량의 비밀 ※
문지영 저 / 2012년 12월 / 384쪽(신국판) / 23,000원

인류와 지하공간 §
한국터널지하공간학회 저 / 2012년 11월 / 368쪽(신국판) /
18,000원

재킷공법 기술 매뉴얼
(재)연안개발기술연구센터 저 / 박우선, 안희도, 윤용직 역 /
2012년 10월 / 372쪽(사륙배판) / 22,000원

토목지질도 작성 매뉴얼
일본응용지질학회 저 / 서용석, 정교철 김광염 역 / 2012년
10월 / 312쪽(국배판) / 36,000원

엑셀을 이용한 수치계산 입문
카와무라 테츠야 저 / 황승현 역 / 2012년 8월 / 352쪽(신국판) /
23,000원

강구조설계(5판 개정판)
William T. Sepui 저 / 백성용, 권영봉, 배두병, 최광규 역 /
2012년 8월 / 728쪽(사륙배판) / 32,000원

지반기술자를 위한 지질 및 암반공학 III
(사)한국지반공학회 저 / 2012년 8월 / 824쪽(사륙배판) /
38,000원

수처리기술
쿠리타공업(주) 저 / 고인준, 안창진, 원홍연, 박종호, 강태우,
박종문, 양민수 역 / 2012년 7월 / 176쪽(신국판) / 16,000원

엑셀을 이용한 구조역학 공식예제집
IT환경기술연구회 저 / 다나카 슈조 감수 / 황승현 역 /
2012년 6월 / 344쪽(신국판) / 23,000원

풍력발전설비 지지구조물 설계지침·동해설 2010년판 †
일본토목학회구조공학위원회 풍력발전설비 동적해석/
구조설계 소위원회 저 / 송명관, 양민수, 박도현, 전종호 역 /
장경호, 윤영화 감수 / 2012년 6월 / 808쪽(사륙배판) /
48,000원

엑셀을 이용한 토목공학 입문
IT환경기술연구회 저 / 다나카 슈조 감수 / 황승현 역 /
2012년 5월 / 220쪽(신국판) / 18,000원

엑셀을 이용한 지반재료의 시험·조사 입문
이시다 테츠로 편저 / 다츠이 도시미, 나카가와 유키히로,
다니나카 히로시, 히다노 마사히데 저 / 황승현 역 / 2012년
3월 /342쪽(신국판) / 23,000원

토사유출현상과 토사재해대책
타카하시 타모츠 저 / 한국시설안전공단 시설안전연구소
유지관리기술그룹 역 / 2012년 1월 / 80쪽(사륙배판) /
28,000원

해상풍력발전 기술 매뉴얼
(재)연안개발기술연구센터 저 / 박우선, 이광수, 정신택,
강금석 역 / 안희도 감수 / 2011년 12월 /282쪽(사륙배판) /
18,000원

에너지자원 원격탐사 †
박형동, 현창욱, 오승찬 저 / 2011년 12월 /284쪽(사륙배판) /
28,000원

해양시추공학
최종근 저 / 2011년 12월 / 376쪽(사륙배판) / 27,000원